U0270771

BIAD
2015
优秀工程设计

北京市建筑设计研究院有限公司　主编

中国建筑工业出版社

编制委员会	朱小地	徐全胜	张　青	张　宇	郑　实	邵韦平
	齐五辉	徐宏庆	孙成群			
主　　编	邵韦平					
执行主编	郑　实	柳　澎	杨翊楠	王舒展		
美术编辑	康　洁					
建筑摄影	杨超英	傅　兴	刘锦标	陈　鹤	舒　赫（等）	

序

2015 年是北京市建筑设计研究院有限公司（BIAD）走过的第 66 个年头，作为专注于"设计主业"的 BIAD 而言，评选"年度优秀工程"是一项非常重要的技术总结工作。为了记录 BIAD 的设计成就，让更多的人了解和分享 BIAD 的技术经验，我们将获 2015 年度优秀工程一、二等奖的项目成果汇集成册正式出版。作品集收录的每一个获奖工程都凝聚了设计团队的心血和汗水，也展示了 BIAD 人"设计创造价值"的专业能力。

评委会制订合理的评判标准，以项目申报资料与回访实际效果为依据，从 BIAD 品牌建设高度出发，对建筑的设计创新、功能布局、造型设计、结构选型和机电系统合理、经济环保、工程控制力与完成度、使用感受等多方因素进行了全面综合的评估，务求使评选结果客观、公正。

这些获奖作品，来自 25 个主申报部门，62 项符合参评资格，其中公共建筑 50 项，居住区规划及居住建筑 5 项，城市规划、室内专项各 2 项，绿色建筑、景观、抗震专项各 1 项；独立设计项目 39 项占 62.9%。

其中，涌现了一批高品质并具有突出社会影响力的建筑作品，表现出较高的完成度和专业整合能力，如：集功能、形式、专业技术一体化整合的高品质设计项目——南宁吴圩国际机场 T2 航站楼（与上海民航新时代机场设计研究院有限公司、KPF 合作）——以严密控制的整体性能和细节表达，体现出类型建筑的时代感和标志性；内部功能复杂、工程技术难度大的超高层项目——深圳中洲控股金融中心——其办公、酒店内部空间富有变化，促进共享交流，建筑群体造型手法统一，突出建筑整体性的同时具有较好的细节表达，在用地紧张、基底面积狭小的情况下，很好地解决了建筑与城市交通体系（高架道路）的接驳关系；又见五台山剧院——为佛教专属的大型情景演出剧场，设计创意巧妙，意境感强烈，在体验的过程中，观众可以对建筑有多种角度的解读；北京雁栖湖国际会都（核心岛）会议中心——建筑风格强调"中而新"，力求传达"鸿雁展翼，汉唐飞扬"的建筑意境，建筑外部形象、室内和景观设计整体效果、细节控制都很突出，是 2014 年北京 APEC 的核心会址，具有较高的社会影响度。

2015 年，BIAD 在工程设计方面所成就的一批有影响力的建筑作品，续写着"设计主业"新的辉煌。在此，向获奖的设计师和设计团队表示祝贺，感谢他们为 BIAD 品牌提升所做出的贡献；同时也要感谢为评审顺利进行付出努力的各位专家评委和工作人员。我们也希望通过"优秀工程作品集"的出版，让追求卓越的 BIAD 设计精神得到弘扬，并激励年轻的 BIAD 设计师不断提高创作优秀作品的能力，用自己的专业技能服务社会，创造价值！

BIAD 执行总建筑师　邵韦平

目录

南宁吴圩国际机场
T2 航站楼

一等奖 • 机场
　　　　　航站楼

建设地点 • 广西壮族自治区南宁市
用地面积 • 8.96 hm²
建筑面积 • 18.90 万 m²
建筑高度 • 40.00 m

设计时间 • 2012.09
建成时间 • 2014.08
合作设计 • 上海民航新时代机场设计研究院有限公司；
　　　　　KPF（Kohn Pedersen Fox Associates PC
　　　　　Architects & P.C.）

项目由中心区和两条水平指廊和两条垂直指廊组成，东西长1080米，南北长350米。航站楼旅客吞吐量1600万人次/年，近机位33个；陆侧规划有交通中心（预留）、地上停车场、塔台、过夜酒店和能源中心。三层为出发层（包括值机大厅、安检、候机等区域），二层为到达层，一层中心区为行李提取和处理区。垂直指廊为设备机房，水平指廊为CIP、VIP区。地下局部为机房和管廊。设计布局紧凑，空间适当，高效集约，以严密控制的整体性能和细节表达体现了"类型建筑"的时代感和标志性；功能复杂，专业技术难度高，设计标准化、精细化程度高，是功能、形式、全专业技术"一体化"整合的高品质设计。

造型源于当地汉代文物"凤灯"的形态，取"双凤还巢"之寓意，隐喻"飞翔"，具有深厚的文化底蕴和人文气息。航站楼屋面为"双曲面"造型，延伸至墙面并落地，模糊了屋面与墙面的界限。主入口采用弧形单向双索玻璃幕墙，高度35米，长度220米，是目前世界同类幕墙中最大者。值机大厅的树形斜向分叉柱8根，承托2.4万平方米的中央大厅屋顶，空间开阔，视觉体验独特。近机位数量高，在同等规模机场中名列前茅。

设计总负责人 • 奚 悦　毛文清
项目经理 • 崔屹岩
建筑 • 毛文清　崔屹岩　陈昱夫　王 伟　吴 懿
结构 • 陈 清　朱忠义　张 翀　郭晨喜
设备 • 穆 阳　谷现良
电气 • 范士兴　陈钟毓
经济 • 张 鸰

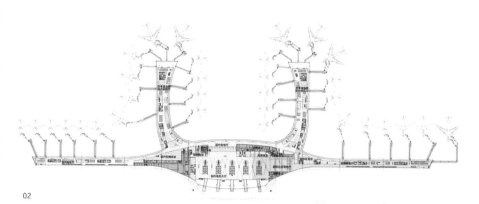

02

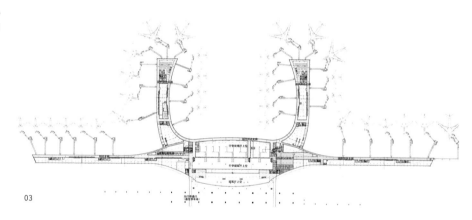

03

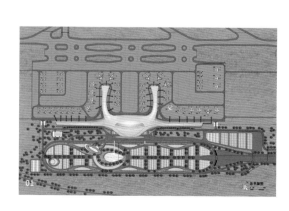

01　总平面图

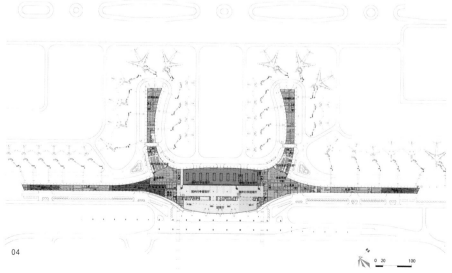

04

05

06

07

08

09

10

对页 08 - 09 空侧外景

本页 10 垂直指廊立面

11 剖面图

11

合肥南站

二等奖 • 铁路
客运站

建设地点 • 安徽省合肥市
用地面积 • 118.60 hm²
建筑面积 • 9.93万 m²
建筑高度 • 38.05 m

设计时间 • 2012.01
建成时间 • 2014.10
合作设计 • 中国中铁二院工程集团有限责任公司

项目为大型客运站。站址邻近城市道路，地势西高东低，南广场位于高速公路以南。设计规模为22站台面26线，基本站台南北各1座，中间站台10座。站前南北广场及高架站台立体布置公交总站、长途车站、出租车和社会车辆停车场，以立体交通系统组织站场与站房、广场、公交、长途、地铁间功能关系，体现"零换乘"综合交通枢纽理念。站房建筑地上2层、地下3层，局部夹层。北侧进站层为地面层，南侧出站层为地面层。地上二层为高架层和候车层，南北站房各设进站厅，中部为候车区。地下一层为出站层，布置出站区和综合换乘通道。高架站场下方空间的东西两侧为城市公共交通换乘区。地下二层、三层分别为地铁站厅层和站台层。

项目设计采用当地"粉墙黛瓦"的风格，引入"四水归堂"理念，具有显著的徽派建筑风貌。运用对檐口板、建筑幕墙及室内吊顶传统装饰纹样和做法的专项研究成果，使当地建筑特点顺利"落地"。

本项目功能综合而复杂，技术要求高，交通建筑特性较为鲜明，主体形象较为突出，细节设计深入扎实，室内外空间"语汇"连贯。

设计总负责人 • 吴 晨　王 亮　苏 晨
项目经理 • 吴 晨
建筑 • 吴 晨　王 亮　苏 晨　黄华峰
　　　 杨 帆　梁海龙　王新平
结构 • 常为华　白 泓

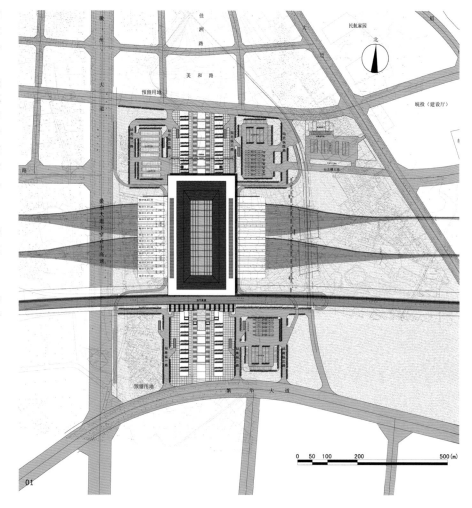

01

02

03

04

05

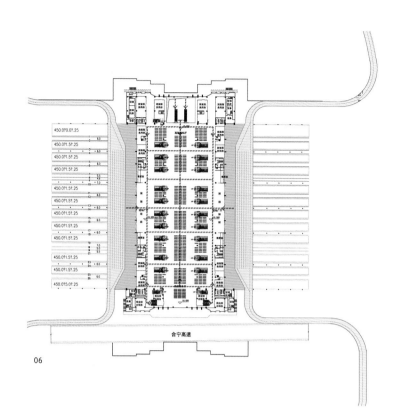

06

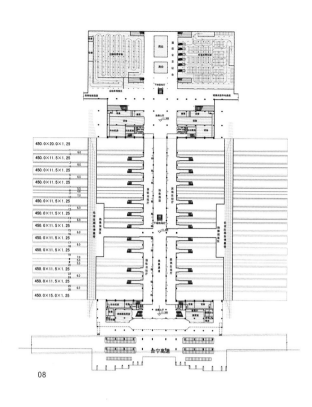

08

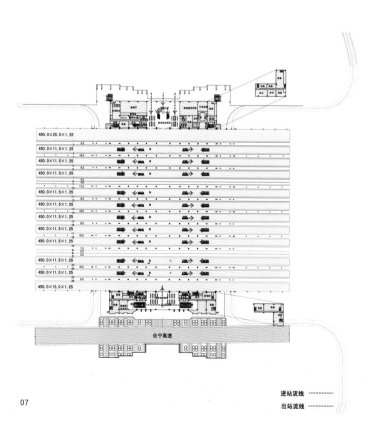

进站流线 ------------
出站流线 ------------

07

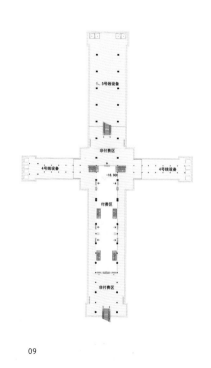

09

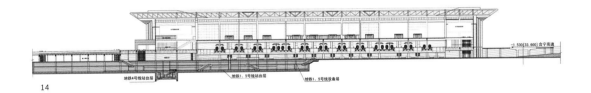

14

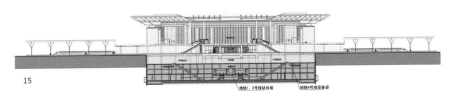

15

16

深圳中洲控股金融中心

一等奖 · 综合楼

建设地点 · 深圳市南山区
用地面积 · 2.57 hm²
建筑面积 · 23.39万 m²
建筑高度 · A栋 272.55 m
　　　　　 B栋 145.05 m

设计时间 · 2008.11
建成时间 · 2014.12
合作设计 · 北京市建筑设计研究院深圳分院
ADRIAN SMITH + GORDON
GILL ARCHITECTURE,LLP

项目是集办公、酒店、商务公寓及商业为一体的超高层综合体，用地西南的A栋为甲级办公楼和五星级酒店，用地东北的B栋为高级商务公寓，裙房位于用地东南。建筑二层标高处为城市广场，通过建筑物中部开放空间连通南侧一层标高的城市景观带。办公楼主入口位于北侧城市广场，首层西侧设次入口；入口分层设置，方便人车出入；酒店主入口位于南侧，正对城市景观带，通过3部高速穿梭电梯可直达43层空中大堂。商务公寓主出入口设于东侧。

建筑群外部城市环境与城市交通体系形成良好接驳关系，运行高效。项目内部功能复杂，工程技术难度大，建筑、结构、机电全专业整合较好；超高层办公、酒店内部空间富有变化，方便共享交流。建筑群体造型手法统一，突出建筑整体性同时具有较好的细节表达。建筑外立面为弧线形，突出建筑的体量，所有转角处设竖向凹槽，作为两个立面之间的视觉分隔，使建筑更加挺拔，轮廓清晰。

设计总负责人 · 马自强
项目经理 · 侯郁
建筑 · 马自强　马泷　解立婕　徐丽光　陈辉
结构 · 侯郁　束伟农　宋玲　邓益安
设备 · 张铁辉　蔡志涛　刘蓉川　刘大为
电气 · 孙成群　陈小青

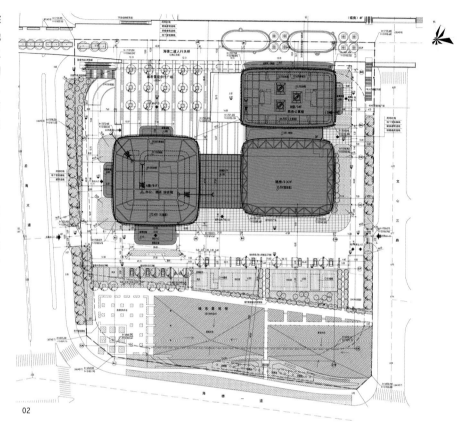

02

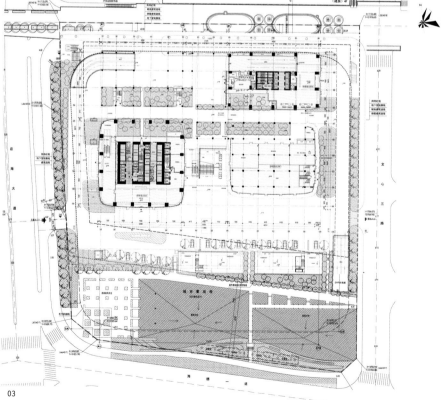

03

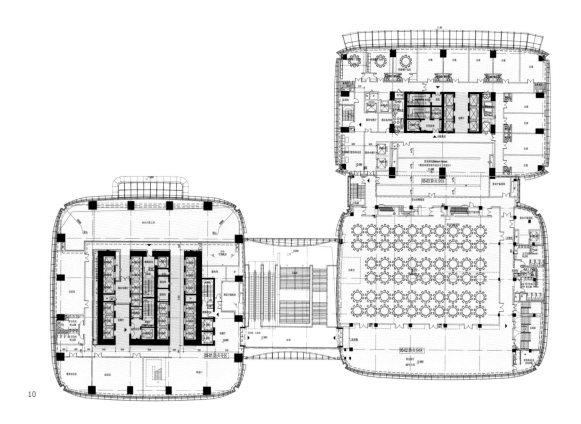

10

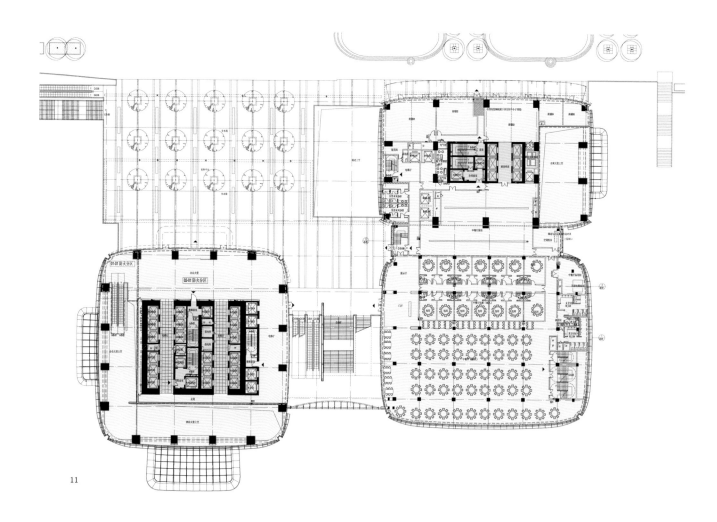

11

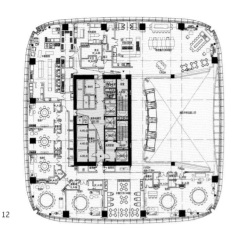

12

13

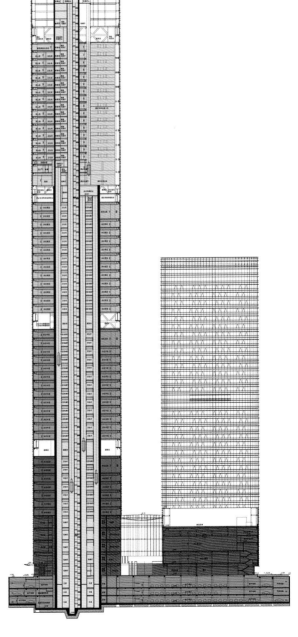

14

对页　10　三层平面图

　　　11　二层平面图

本页　12　A座（客房）四十五至五十八层平面图

　　　13　A座（酒店餐厅）四十四层平面图

　　　14　剖面图

长沙北辰新河三角洲 A1 地块城市综合体

一等奖 • 综合楼

建设地点 • 湖南省长沙市
用地面积 • 3.33 hm²
建筑面积 • 31.87 万 m²
建筑高度 • 办公 235.00 m
          酒店 125.00 m

设计时间 • 2013.08
建成时间 • 2014.09
合作设计 • JERDE 国际建筑师事务所
          RTKL INTERNATIONAL LTD

项目西临湘江，景观条件良好，分为 5A 级写字楼、五星级酒店、综合商业（含）及地下部分。办公为框筒结构，其中十五层和三十层为避难层；酒店为框架结构；商业为超大型综合体，地上 6 层，总高 46.5 米，与周边大型商业一体化设计，具有空间变化丰富、功能复杂的特点，其中一至四层为主力百货商业区，五层及六层为 22 厅影院，地下为车库及设备机房。

建筑造型以超高层写字楼与多层商业对比，强调建筑组群的轮廓。办公楼和酒店均采用通透的全玻璃幕墙体系，强调挺拔高耸向上的气势。商业部分采用不透明幕墙体系，弧线造型使建筑具有动感；商业空间有特色，变化丰富，与周边商业形成"一体化"格局。酒店公共区面积充足，利于会议、餐饮的布局展开。建筑整体技术控制出色，结构基础设计技术先进，具有一定创新性。

设计总负责人 • 丁晓沙
项目经理 • 颜 俊
建筑 • 丁晓沙　颜 俊　李先荣　高 巍
　　　刘 默　刘文文
结构 • 雷晓东　姚 莉　马 喆
设备 • 王 旭　黄槐荣　张 伟
电气 • 梁 巍　董栋栋　王 绪

02

01

03

04

06

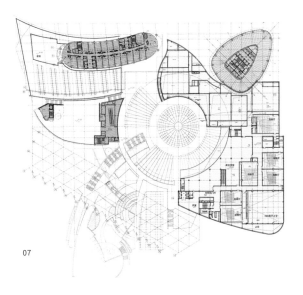

07

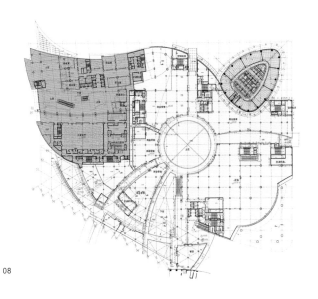

08

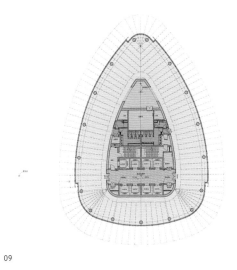

09

10

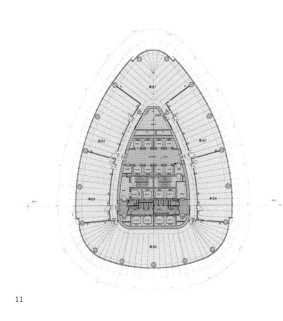

11

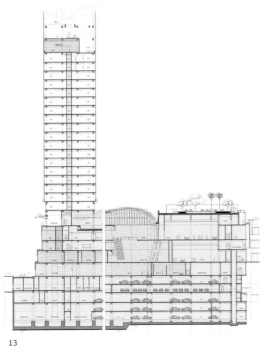

13

远洋国际中心二期

二等奖 • 综合楼

建设地点 • 北京市朝阳区	设计时间 • 2011.11
用地面积 • 1.76 hm²	建成时间 • 2014.03
建筑面积 • 8.80万 m²	合作设计 • 思邦建筑设计咨询（上海）有限公司
建筑高度 • 99.80 m	北京分公司

项目与已建成的一期工程成为延续性建筑群，分A座、B座、C座三栋单体，外观处理富有特色，个性鲜明。场地南侧设有人行出入口，方便城市人流进入商业；东侧与北侧设有机动车出入口，场地内形成交通环路。A座、B座为办公楼，首层、二层为商业功能，三层以上为办公区域。C座为商业楼，地上为商业、餐饮及影院；地下为车库及设备用房。设计结合用地，同时充分考虑用地北侧的现状住宅的日照采光要求，使不同功能建筑形成整体布局，完善功能配置，提高土地使用效率，并与既有一期项目形成良好的协调关系。

建筑立面采用"编织"母题，凸出立面的菱形出挑单元逐步"收敛"，由底部向上逐渐过渡至不凸出的平面墙面，在个性化表现的同时利用出挑单元解决遮阳问题并取得良好的夜景效果。A座、B座因考虑北侧住宅日照需求做退台处理，为通透玻璃幕墙，C座商业部分采用折板式玻璃幕墙与穿孔铝板幕墙的组合形式，强调自身特色的同时与主楼"编织"造型相呼应。

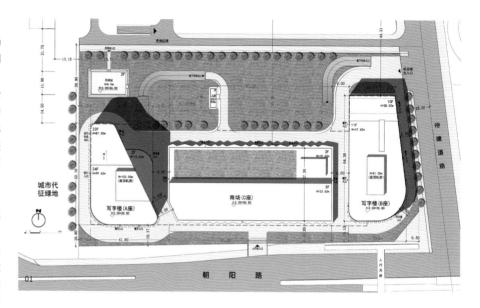

设计总负责人 • 查世旭　欧阳露
项目经理 • 张婷
建筑 • 查世旭　欧阳露　黄越　孔令双　吴莹
结构 • 徐斌　韩玲　孙春玲　丁伟明
设备 • 薛沙舟　宣明　吴潇
电气 • 申伟　孙林

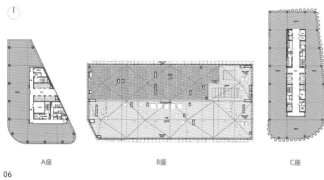

A座　　　　　B座　　　　　C座

06

A座　　　　　B座　　　　　C座

07

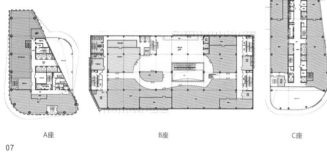

08

10

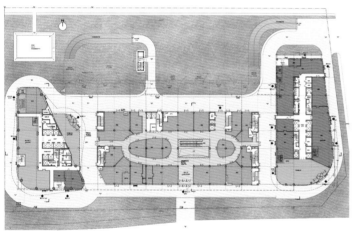

09

11

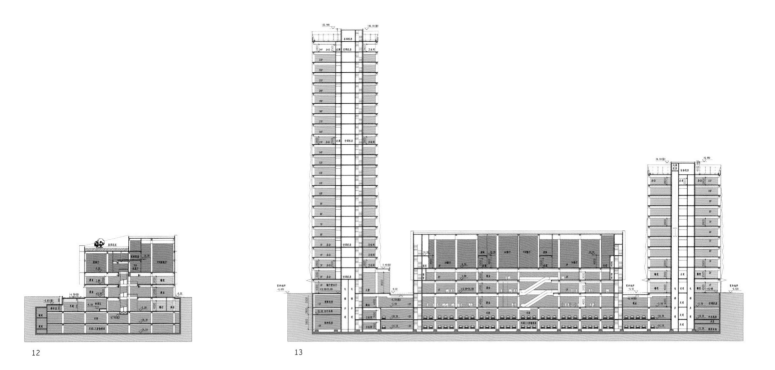

12

13

14

北京航空航天大学
南区科技楼

一等奖 • 科研办公

建设地点 • 北京市海淀区
用地面积 • 12.18 hm²
建筑面积 • 22.50 万 m²

建筑高度 • 99.00 m
设计时间 • 2012.03
建成时间 • 2014.12

项目位于"北航"老区院内，地处学院路和知春路的交角区域，与先期建成的唯实大厦、首享大厦、北航新主楼共同组成了北航南区科技园。科技楼主要功能包括大堂、展厅，科研办公用房、职工餐厅和物业管理用房等。设计采用南北平行布置方式，中轴对称，形态规整。建筑主体为四栋99米板式高层，通过中间连接体形成东西两个"工"字形体量。裙房为三层，是建筑内部公共空间与景观的核心，同时提供休闲空间。

建筑功能清晰，布局紧凑，设计手法熟练，造型简洁；室内庭院所形成的交流空间特色鲜明。建筑南侧保留原有树木，注重建筑及景观的融合。项目技术难度较大，专业整合性强，在建筑的整体和细节控制上有较突出表现。外立面设计采用铝板、铝型材和玻璃组合，通过比例与细节推敲，体现简洁风格和卓越品质。

设计总负责人 • 叶依谦
项目经理 • 叶依谦
建筑 • 叶依谦　鲁晟　李衡　王溪莎
结构 • 陈彬磊　张曼　张勇
设备 • 祁峰　刘弘　孙明利　翟立晓
电气 • 赵亦宁　宋立立　夏子言
经济 • 张广宇

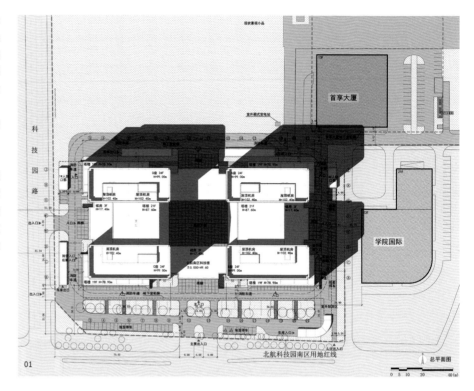

01　总平面图

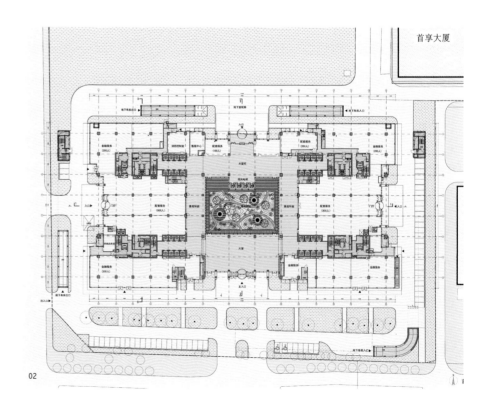

02

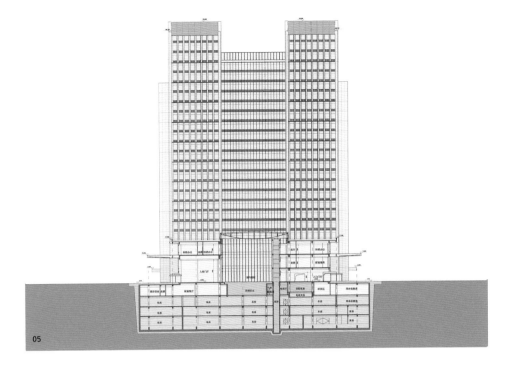

05

06

07

10

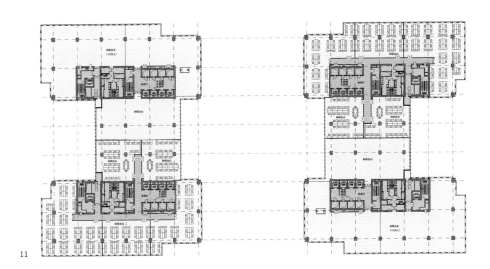

11

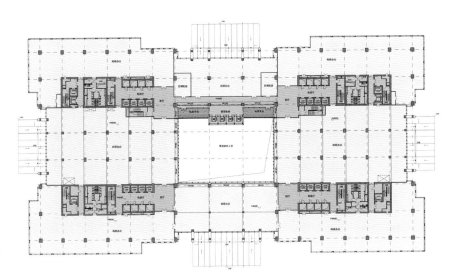

12

济南浪潮科技园 SO1 科研楼

一等奖 • 科研办公

建设地点 • 山东省济南市
用地面积 • 1.70 hm²
建筑面积 • 11.45 万 m²

建筑高度 • 154.60 m
设计时间 • 2012.06
建成时间 • 2014.08

项目位于浪潮科技园区 SO1 地块内，基地为坡地，南北高差达 6 米，为集团高级办公、会议中心、展示中心以及地下车库等。办公楼由南侧主入口进入，设两层通高的大堂；北侧设会展区裙房，由地下一层大堂通过滚梯和玻璃电梯到达；南北入口之间设大型室内景观。会议区集中设在二层、三层，主体四至三十四层为办公区；地下为车库、机房和库房。会展货物流线从西侧进入地下一层夹层，经由货梯到达各层。

建筑以挺拔的竖向线条体现蓬勃向上的企业文化，顺应环境条件，功能布局条理清晰；其造型及立面处理平实、简洁，整体性完整，细节刻画精致，施工质量精良。东西两侧墙面以及屋面采用深灰色石材；南北两侧立面主要使用透明玻璃，保证内部自然采光。在细节方面，南侧立面辅以石材和金属结合的竖向装饰线条，北侧建筑主体按 600 毫米间距设金属百叶，建筑层次丰富。

设计总负责人 • 马泷　褚以平　王云舒
项目经理 • 马跃
建筑 • 马泷　马跃　褚以平　王云舒　孔媛
　　　侯新元　石志会　张燕
结构 • 刘会兴　李万斌
设备 • 张辉　俞振乾　白喜录
电气 • 胡安娜　王振

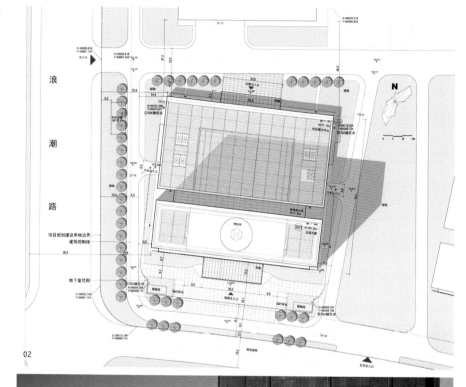

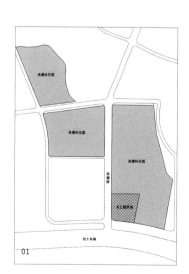

04 南立面

02 总平面图
03 外墙细部

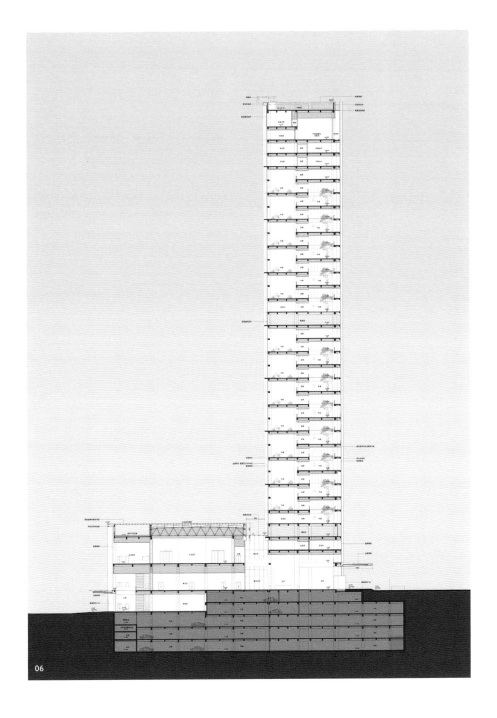

10

11

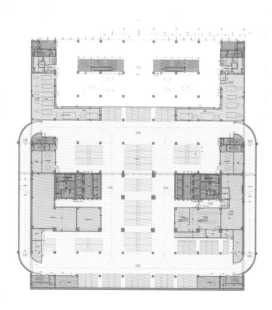

12

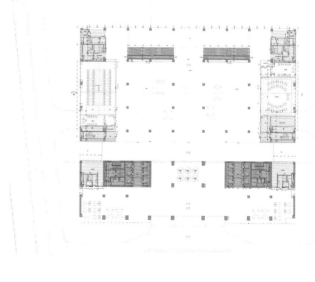

13

14

15

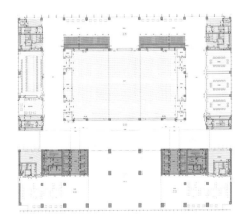

16

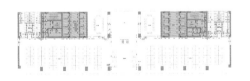

17

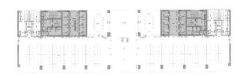

18

联想园区 D 座一期

二等奖・科研办公

建设地点・北京市海淀区	设计时间・2010.06
用地面积・0.64 hm²	建成时间・2013.02
建筑面积・4.12 万 m²	合作设计・美国佩利・克拉克・佩利建筑事务所
建筑高度・68.00 m	

本项目即融科资讯中心 D 座，为搜狐公司定制的企业办公楼，首层为大堂，二层为会议室，三层为网络媒体空间，标准层为科研办公，顶层为高管办公，屋面为休闲花园和室外平台；地下为商务服务、车库（人防）。地下一层的人行通廊和地下二层的车行通道将几座建筑地下连为一体，做到地下商业、健身、车库的资源共享；并利用天窗和楼梯开口引入采光与通风，提升地下空间品质。

建筑延续了园区 A 座、C 座的设计手法，保持了色彩和风格的一致，对基座进行了相同的处理，使整个园区呈现统一风格。主楼造型方整，采用灰黑色花岗石与玻璃幕墙相结合的方式，首层、二层为玻璃肋点式幕墙。建筑功能布局紧凑、造型简洁，整体性较好，机电专业技术难度较高。

设计总负责人・陈淑慧
项目经理・金卫钧
建筑・陈淑慧　孙小明
结构・盛平　甄伟　赵明
设备・韩兆强　曾源　胡宁　尹航
电气・庄钧　张安明　孙妍　张争

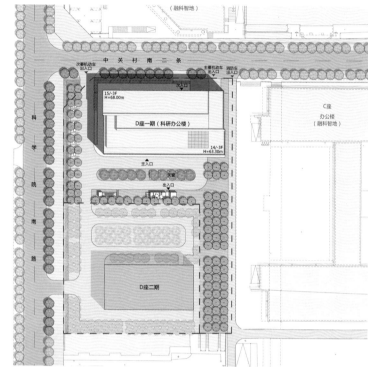

01

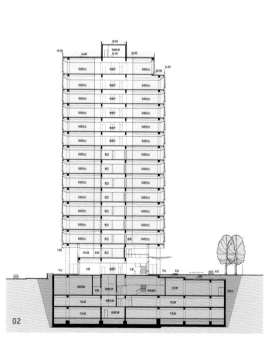

02

03

04

05

06

07

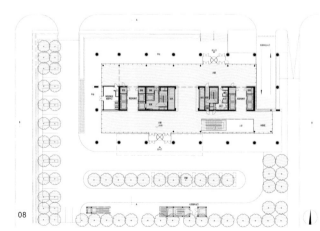

08

09

10

11

12

13

中石化第十建设
青岛有限公司青岛基地

二等奖 · 科研办公

建设地点 · 山东省青岛市
用地面积 · 8.60 hm²
建筑面积 · 3.37万 m²

建筑高度 · 90.00 m
设计时间 · 2012.04
建成时间 · 2014.04

项目位于青岛经济技术开发区滨海大道以北，为高层科研办公楼。建筑主体布置于基地北侧，面对大海，南侧留出大面积广场。办公楼形体方整，中间单走道式布局，最大限度地争取南北朝向；采用开敞式办公模式，横向展开，使各区域空间之间联系便捷，平面布局灵活。立面设计简约实用，南侧大面积玻璃窗最大限度地利用自然通风和采光，并充分利用海景资源。东西两侧外幕墙设置遮阳百叶，利用自然采光的同时有利于降低制冷能耗。

设计功能布局合理，富有效率；建筑表现处理得当，手法娴熟，对建筑性格的把握适当；建筑整体、细节深化均有较好的控制，体现出设计团队具有突出的系统设计方法和技术能力。

设计总负责人 · 田 心
项目经理 · 田 心
建筑 · 田 心 王 征 吴林林 李 玲 林 红
结构 · 李伟政 王 昆 李承柱
设备 · 蒙小晶 宋丽华 胡 宁
电气 · 张瑞松 陈 莹 孙 妍

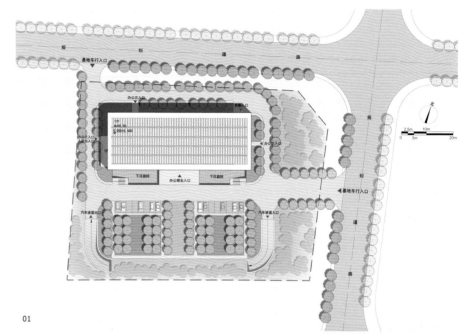

01

02

03

05

06

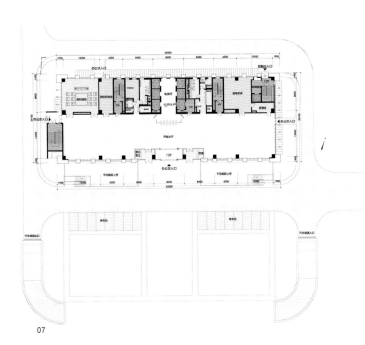

07

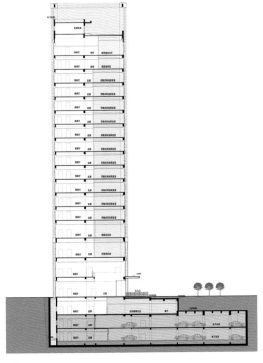

09

太原铁路旅客信息服务集成控制系统研发大厦

二等奖 · 科研办公

建设地点 · 山西省太原市
用地面积 · 0.66 hm²
建筑面积 · 2.86 万 m²

建筑高度 · 92.70 m
设计时间 · 2012.09
建成时间 · 2014.12

在场地狭小的困境中，结合地块呈"L"字形布局，形成一栋高层塔楼辅以裙房的集约格局。项目主体塔楼为科研办公和企业博物馆，裙房为立体机械停车库。地下一层为车库及机房，地下二层为餐厅（六级掩蔽所）及机房等辅助用房。主要地面机动车出入口设于东侧，地下车库出入口设于北侧，并留出候车场地；南侧辅助车行出口与1号、3号地块共用。人行出入口设在南侧高新街，正对主楼位置。

建筑首层大堂设置高大共享空间。塔楼与裙房外墙使用浅灰色铝单板交错排列。根据功能需求以及不同方向的日照时间和强度，对开窗数量和窗墙比进行控制。按照模数分成不同大小的灰色双层中空 Low-E 玻璃窗穿插其中，形成错动的"条形码"效果。功能布局较紧凑，造型较完整，表皮变化较为丰富，具有一定的细节魅力。

设计总负责人 · 朱小地　米俊仁　李大鹏　王瑞鹏
项目经理 · 李大鹏
建筑 · 朱小地　米俊仁　李大鹏　王瑞鹏　聂向东
　　　邓悦
结构 · 李文峰　陈晗
设备 · 刘沛　孙明利　董烨
电气 · 贾燕彤　裴雷　韩京京
经济 · 陈亮

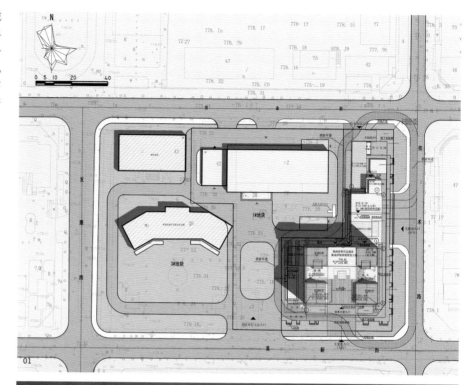

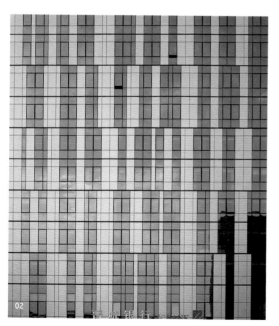

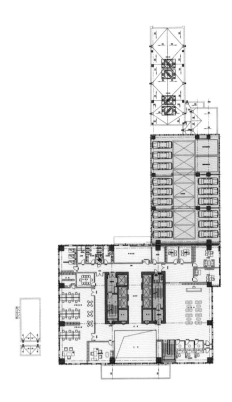

06

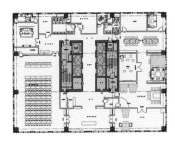

08

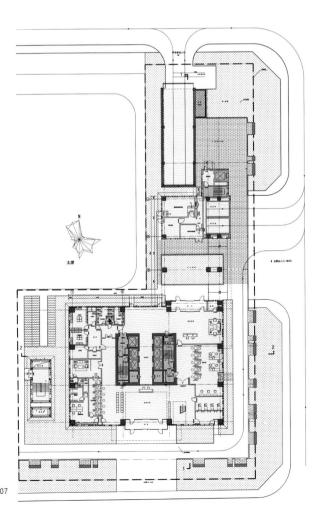

07

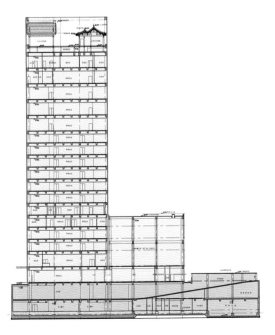

10

09

锦什坊街三十五号
（金融街 E9）

二等奖 • 金融办公

建设地点 • 北京市西城区
用地面积 • 0.95 hm²
建筑面积 • 8.21 万 m²
建筑高度 • 51.50 m

设计时间 • 2012.09
建成时间 • 2013.12
合作设计 • HARTMAN-COX ARCHITECTS

项目位于全国政协办公建筑群西侧，外部为交通环路，首层设办公大堂和商业区域，二层以上为办公区域，地下一层是餐饮及商业空间；地下二至四层为车库及机房。主入口设置 19 米宽大台阶，室外铺装深灰色玄武岩。东侧入口保留了 500 年树龄的古树。东侧主入口大堂 50 米×22.5 米，高 3 层（约 13 米），横贯建筑主体。六层设采光中庭，高约 26 米，采用金属格栅装饰的玻璃天窗。

设计采用新古典风格，遵循古典建筑比例关系，具有严谨的"基座"、"中段"和"顶部"三段式格局，立面均设古典柱式石柱和壁柱。注重细节刻画，如石材切角、线条等均符合古典建筑模数要求；柱头、檐口 GRC 仿石材表面做特殊处理，大堂吊顶仿洞石效果手工绘制。室内外风格统一，颜色、质感和细部处理相互呼应，达到内外一致性效果。本项目已获得美国绿色建筑"LEED 金奖"认证。

设计总负责人 • 何 荻
项目经理 • 王 勇
建筑 • 何 荻　张 晋　郭晨晨　周 晖　朱兆楠
　　　董菲璠　边 宇
结构 • 柳颖秋　王皖兵
设备 • 罗 辉　张 磊　马明珠
电气 • 刘会彬　旷汶涛　杨 奕

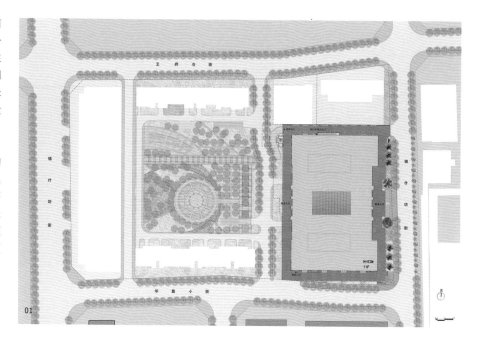

01

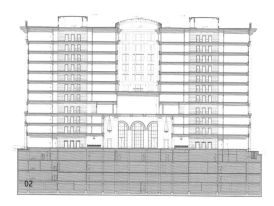

02

03

04

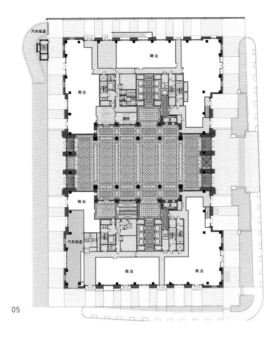

05

06

07

石景山区老古城中海大厦

二等奖 • 金融办公

建设地点 • 北京市石景山区
用地面积 • 3.81 hm²
建筑面积 • 8.15 万 m²

建筑高度 • 80.00 m
设计时间 • 2013.11
建成时间 • 2014.12

项目位于长安街西延长线，属于城市重要节点，首层、二层为商业配套，三层以上为办公空间，地下一层部分为车库（其余为设备用房和后勤用房），地下二层为人防物资库。项目采用东西"双塔"布置以适应基地宽度，"双塔"中部设置两层通高公共大堂，柱网布置与平面功能相协调，塔楼四角取消结构柱，完全敞开。

建筑立面设计以"钻石"为概念，在平面幕墙的多边形内以不同反射率和透明度的玻璃单元构成切割"钻石"的多折面效果，衍生出八边形和六边形的组合构图。"钻石"设计概念同时衍生到室内公共空间设计，入口雨棚吊顶、大堂室内吊顶及采光顶均采用类似的设计手法，统一了室内外建筑语境。立面表皮处理富有变化，形式感较强。

设计总负责人 • 吴 晨　王 亮
项 目 经 理 • 吴 晨
建筑 • 吴 晨　王 亮　段昌莉　王 杰　杨 帆
结构 • 宫贞超　常为华　毛彦喆
设备 • 张 健　罗东华　潘翠彦　高仰珍　孙晓明
电气 • 赵小文　吴 庚

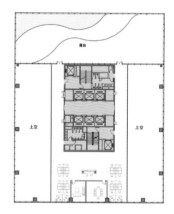

02

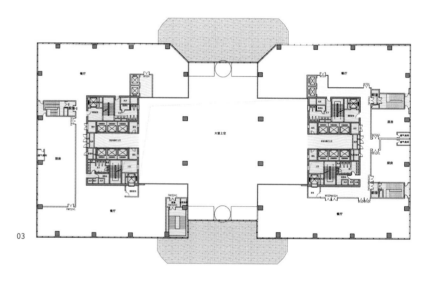

03

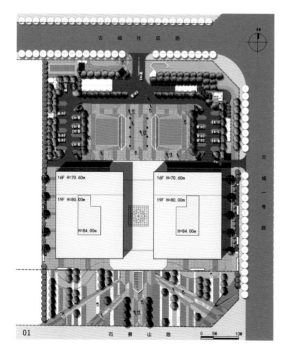

01

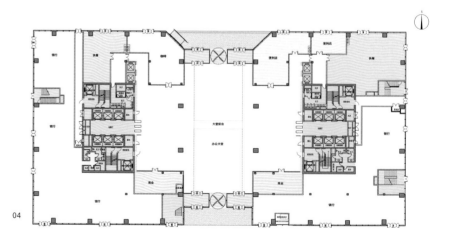

04

天津北辰科技园区商务中心

二等奖 • 总部办公

建设地点 • 天津市北辰区
用地面积 • 5.07 hm²
建筑面积 • 4.60 万 m²

建筑高度 • 41.10 m
设计时间 • 2011.08
建成时间 • 2013.09

项目为园区管理和服务机构，处于综合服务区中心，由自用及外租办公、银行和一站式办公等四部分组成。用地东、南两侧临城市道路，建筑沿东西向呈"一"字形布局，南侧呈微弧形拥抱宽阔南广场；主楼北侧裙房分三组形成庭院空间。首层、二层裙房包括展览、会议、餐饮、康体、金融等功能；地下空间主要功能为机电用房、后勤以及车库。竖向划分不同办公区域，自用办公区域为三至七层东侧，外租办公区域为三至七层西侧及八层整层。

主楼采用石材和玻璃幕墙相结合的处理手法；裙房以厚重石材为主，配以落地玻璃窗；浅蓝色玻璃和浅米色石材搭配，银灰色的金属分割条。设计功能紧凑，建筑整体感较强，以较成熟的技术和手法取得总体均衡控制的效果。

设计总负责人 • 徐 文
项目经理 • 段华楠
建筑 • 徐 文　段华楠　金晓辉　张 晧　李少琨
　　　耿建行　陈文青
结构 • 于森林　武志强
设备 • 张建鹏　潘秋浩
电气 • 陈钟毓　何一达　孙 铮
经济 • 张 鸰

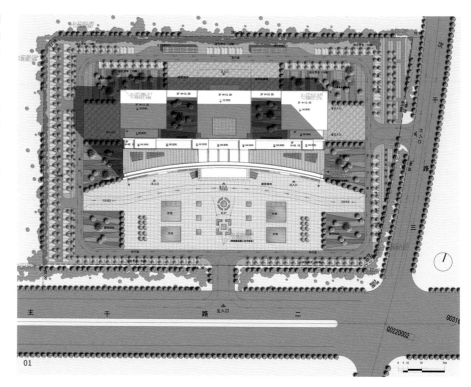

01

02

03

04

05

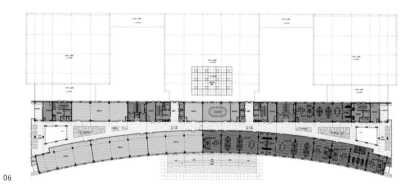

06

07

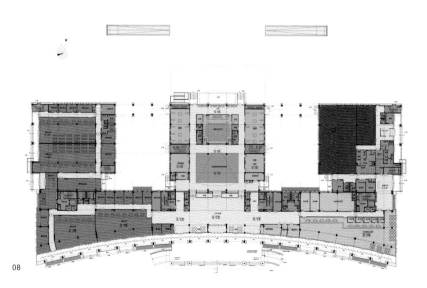

08

国电新能源技术研究院

一等奖 • 研发中心

建设地点 • 北京市昌平区
用地面积 • 19.66 hm²
建筑面积 • 24.30 万 m²

建筑高度 • 80.00 m
设计时间 • 2012.07
建成时间 • 2013.12

项目所处园区分为东、西两个部分。园区东侧为研发实验区，是整个园区的核心，主体建筑由七栋研发楼和一栋培训楼连接组成，并配有三栋大型中试车间；西侧为会议中心。主体采用单元化的模式——内院一侧为实验人员的数据处理区，外围一侧为实验研发区——各单元之间通过放大的走廊形成洽谈交流空间，整个屋面通过企业自己的太阳能光伏电池板将屋顶统一起来，既达到了可持续发展的目的，也"画龙点睛"地丰富了建筑群的形象。

园区西侧布置了三座弧线母题的科研楼，自由地与西侧温榆河优美的流线遥相呼应。建筑围合成的景观庭院营造自由的环境氛围，并与主体矩形庭院相互连通、互相渗透。

设计将功能复杂、类型多样的建筑进行整合设计，形成了整体的布局和统一的形象。总图布置规整，分区明确，很好地契合了建筑使用功能，使得各功能之间既联系便利又互不干扰，理性地处理好各部分之间的位置关系。

设计总负责人 • 叶依谦　刘卫纲
项目经理 • 叶依谦
建筑 • 叶依谦　刘卫纲　薛军　段伟　从振
　　　　霍建军
结构 • 周笋　王雪生　石光磊
设备 • 徐宏庆　陈莉　富辉
电气 • 骆平　刘洁
经济 • 蒋夏涛

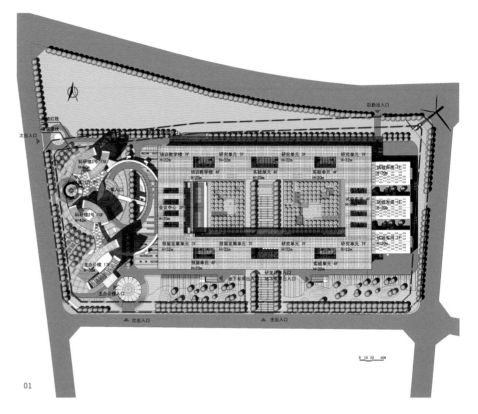

01

02

03

04

05

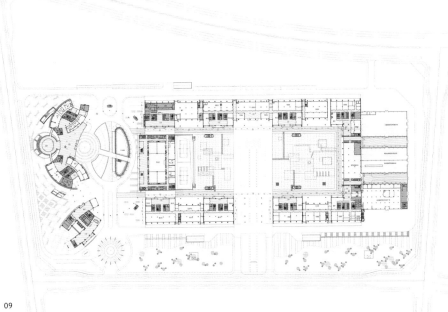

09

10

11

12

亚信联创研发中心

二等奖 • 研发中心

建设地点 • 北京市海淀区
用地面积 • 1.13 hm²
建筑面积 • 4.01 万 m²

建筑高度 • 24.00 m
设计时间 • 2012.01
建成时间 • 2014.01

项目位于中关村软件园，为企业自用总部，注重在绿色建筑方面的探索与创新。建筑功能包含办公、培训、企业文化展示以及员工配套食堂及健身房等，在用地不规整且有限高要求的限制下，总体布局为三排南北向建筑，利于争取自然采光和通风。考虑使用特点，建筑之间营造充满生机的多样空间，促进人员之间的交流。

建筑主体之间形成半围合式院落，西侧布置开放绿地，在地块中心地带设计下沉广场，首层培训区做交流庭院，并在建筑间穿插空中花园、绿化屋面、观景平台，使得绿色空间无处不在。建筑利用石材、金属百叶、玻璃与木材等突出建筑个性，形成既丰富而又和谐的立面效果，北侧交错的玻璃分割方式又带来活泼的元素。

设计总负责人 • 侯新元
项目经理 • 林 卫
建筑 • 侯新元　韩 薇　林 卫　张雪轶　甄娓凰
结构 • 徐 东　周狄青　陈文军　赵雪冰
设备 • 朱 玲　俞振乾　张 辉　张 磊
电气 • 陈英姿　白喜录

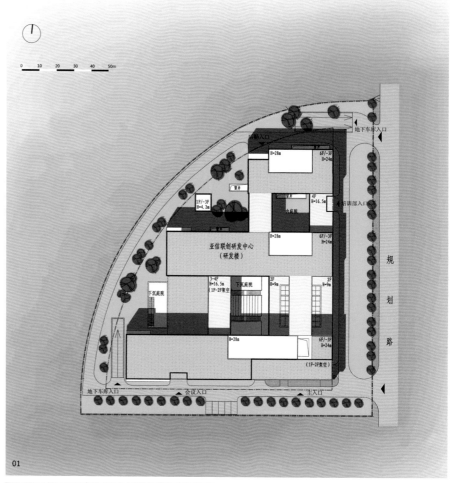

01

02

03

07

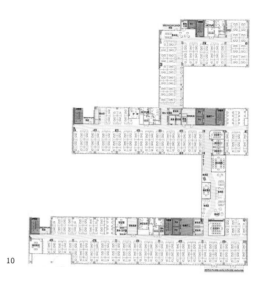

10

08

11

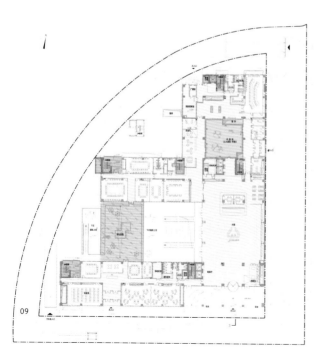

09

12

上海临港金融大厦

二等奖 • 商务办公

建设地点 • 上海市临港新区
用地面积 • 1.14 hm²
建筑面积 • 6.48 万 m²
建筑高度 • 65.00 m

设计时间 • 2009.06
建成时间 • 2014.12
合作设计 • 法国夏邦杰建筑设计咨询
（上海）有限公司

项目位于上海市主城区重要商业地块，是滴水湖的起点和申港大道的终点，三面围合布局，保证沿湖建筑立面的延续性；基地主入口设置在西侧，成为城市主干道对景；东、西、北侧设商业人行出入口；南侧布置两个内部车行口。在主入口轴线上设集中绿化，底层通透玻璃，使景观得以延伸。项目一层为餐饮、银行及商业，各设单独出入口；二层为餐饮、健身及办公；三至十五层为标准办公；地下为停车库和设备用房。

立面运用竖向线条统领整个建筑立面，东侧环湖建筑立面具有延续性；通过石材、玻璃、金属材质的虚实对比，减小塔楼压迫感，使建筑形体更加轻巧而富有变化。东北侧塔楼不同方位向上退台，在不同高度、不同方位设置景观平台，面湖朝向采用出挑 4 米的通透玻璃幕墙，充分利用景观价值。

设计总负责人 • 陈 光　刘海平　孙 静
项 目 经 理 • 陈 光
建筑 • 周雯怡　陈 光　刘海平　孙 静　冯 青
结构 • 范 波　鲁广庆　张 莉
设备 • 王 新　孙成雷　杨 樱　杨 旭
电气 • 陶云飞　刘 青　张博超

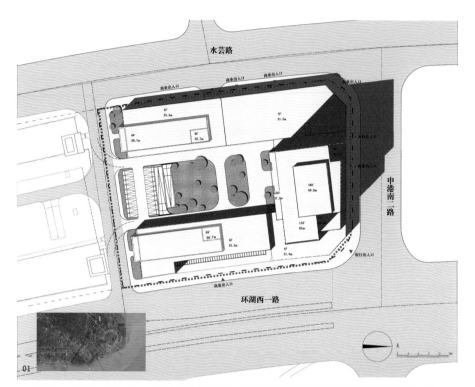

01

02

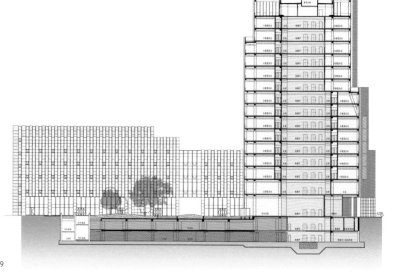

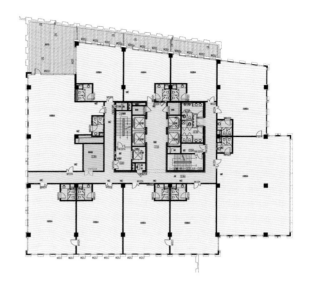

10

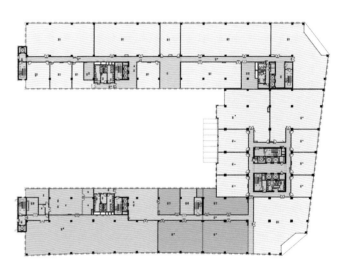

11

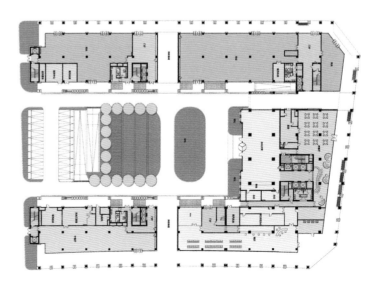

12

又见五台山剧院

一等奖 · 剧场
专项奖 · 景观设计

建设地点 · 山西省忻州市
用地面积 · 15.29 hm²
建筑面积 · 2.78 万 m²
建筑高度 · 21.60 m

设计时间 · 2014.05
建成时间 · 2014.09
合作设计 · 北京建院约翰马丁国际建筑设计
有限公司

项目位于五台山风景区南入口的北面，为佛教专属的大型情景演出剧场。设计打破建筑固有的边界，从建筑主体向前广场延续出连续的墙体，宛若拉开的"经折"，化解了大型建筑体量对自然环境的压迫感，形成没有边际的建筑，打造出全新的场所空间。700米长"经折"形成剧场的序曲，使剧场成为一本博大的经书。

"经折"由高到低排列形成渐开的序列，将前区广场分为"去路"与"回路"两个不同的空间。以佛教的顺时针方向形成一个完整出入的序列。墙体共七折，暗示修行成佛的七个层次，每个"折院"中设预演区，将游客在观赏表演的过程中，不知不觉引导至演艺中心主入口，达到观演情绪的高潮。

"经折"表皮采用石材、玻璃和不锈钢等不同材质，端部以高反光的不锈钢顶面直接插入碎石的地面，突出了"经折"构造的力度和纯度；混合材料的应用，以不同的方向影射周围的环境，将建筑体量化解为不同尺度的起伏的图案，消解了建筑的轮廓线；地面采用毛面石板作为人行铺装地面，黑色砾石散置作为开放空间铺地材料。碎石上的山石堆字、镌刻在"经折"上的《华严经》，营造出特殊的室外场景和氛围，向游人传递着演出的主题和内容。

设计打破建筑和景观固有的边界，使二者融为一体，创造出适合表演主题的独特的精神体验场所。

设计总负责人 · 朱小地　高　博
项目经理 · 高　博
建筑 · 朱小地　高　博　孔繁锦　罗　文　贾　琦
　　　　朱　颖　邹雪红　韩　涛
结构 · 田玉香　王　越　张　胜　章　伟
设备 · 赵　伟　江雅卉
电气 · 赵　阳

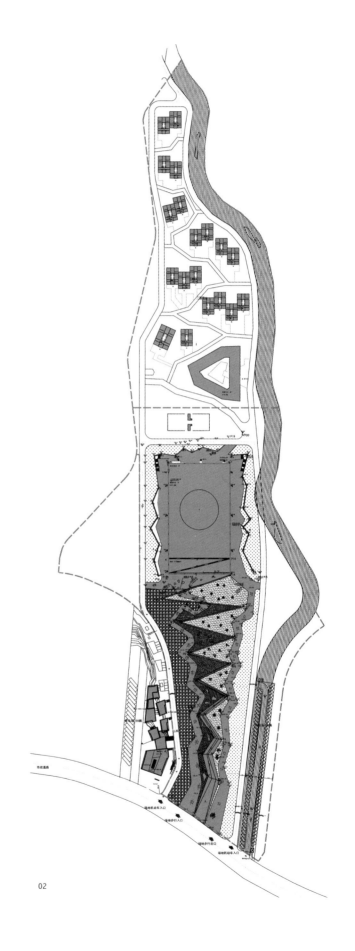

03

04

05

06

07

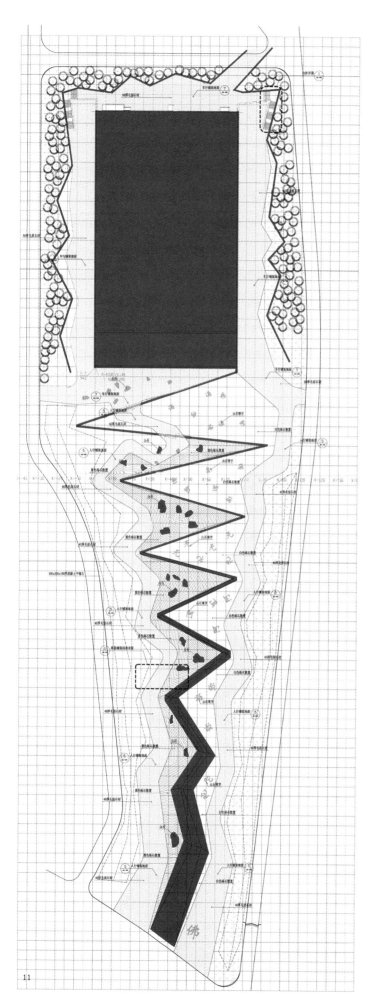

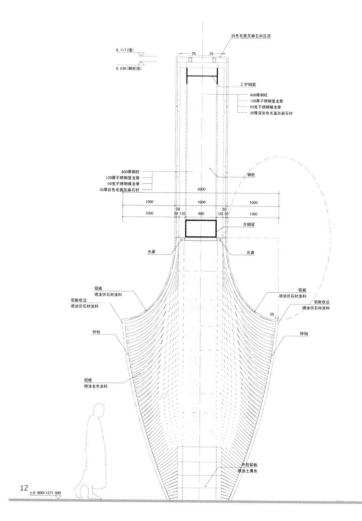

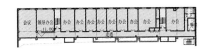

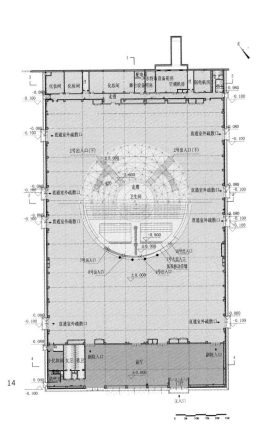

14

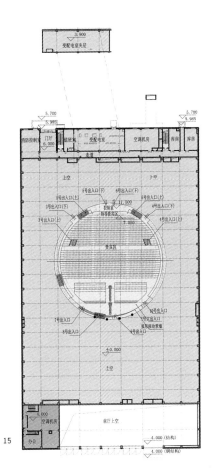

15

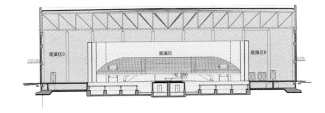

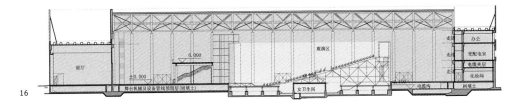

16

武清区影剧院

一等奖 · 剧场

建设地点 · 天津市武清区
用地面积 · 3.27 hm²
建筑面积 · 3.47 万 m²
建筑高度 · 31.55 m

设计时间 · 2012.11
建成时间 · 2014.12
合作设计 · 北京齐欣原创建筑设计咨询有限公司

项目位于武清区文化广场内。广场北邻区政府办公楼，南临青少年宫。用地北部为绿化，影剧院位于南部中轴线西侧，东侧为图博中心；二者体量相近，形成围合空间。建筑西侧为1500座乙等剧院，东侧为8厅共1280座影院。首层分别设剧院和影院门厅，主入口朝向文化广场。剧院北部为后勤服务区，包括演员化妆、候场、排练、办公等。专业流线与观众和VIP流线完全分开。

整个建筑包裹在方正的矩形体量中，与图博中心遥相呼应；屋面网架在舞台部分高起，以光滑的双曲面坡向四边，在保证体量完整的前提下，节约室内空间；椭圆形外窗自然分布在方正外表皮上，落地的椭圆形状满足了底部开敞要求，营造出轻松、自然的室内外空间氛围；首层局部架空，使文化广场公共空间向建筑内自然延伸，形成供市民活动的灰空间。建筑整体感强，造型简洁，夜景富于动感和表现力。

设计总负责人 · 周 虹
项 目 经 理 · 徐 游
建筑 · 周 虹　王伦天　朱 勇　宋晓鹏
结构 · 张如杭　龙亦兵　韩 好
设备 · 陈 岩　肖博为　孙 龙
电气 · 段宏博　闫春磊　李 正
经济 · 李 菁
声学 · 陈金京

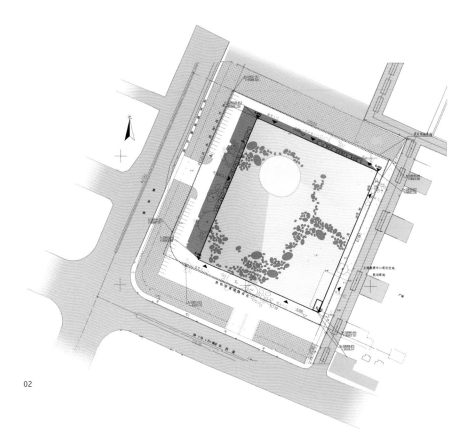

02

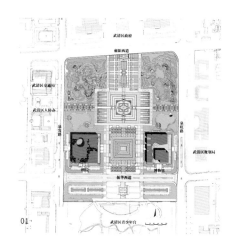

01

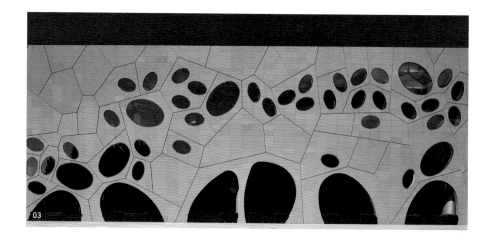

03

04

05

09

10

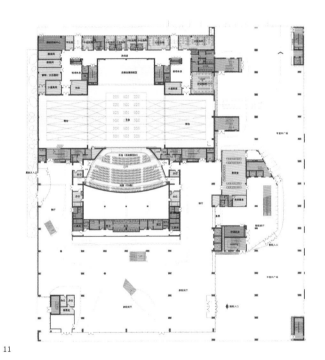

11

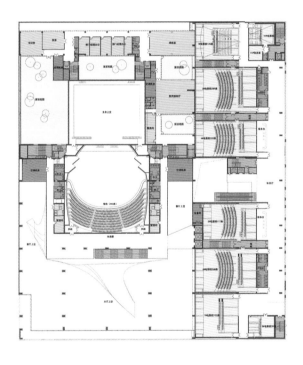

12

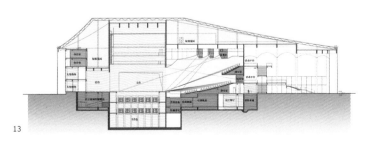

13

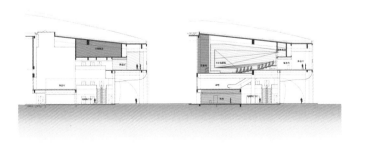

北京雁栖湖国际会都
（核心岛）会议中心

一等奖 • 会堂

建设地点 • 北京市怀柔区 建筑高度 • 23.90 m
用地面积 • 6.50 hm² 设计时间 • 2011.10
建筑面积 • 4.21 万 m² 建成时间 • 2014.03

项目位于北京怀柔雁栖湖国际会都核心区雁栖湖半岛，为2014 年北京 APEC 的核心会址。设南北两个主入口，南侧设草坪，北侧设入口广场，整体场地北高南低。

地下一层为车库和设备用房；首层设南侧入口大厅、宴会厅、餐厅、厨房，北侧为车库；二层为北侧入口大厅、会议厅；夹层平面为办公等辅助用房。南北侧公共空间的联系采取垂直与水平交通结合的方式，南北门厅通过两侧扶梯连接，实现南北门厅交通流线最短的使用要求。

建筑风格强调"中而新"，力求传达"鸿雁展翼，汉唐飞扬"的建筑意境。圆形外廊的屋面结构上翘，二层幕墙凸出主体结构并外倾，体现出"汉唐飞扬"的设计理念。建筑与结构专业密切配合，使幕墙结构与主体结构形成了有机整体，保证出挑建筑效果的前提下，优化结构方案和构件截面，实现建筑效果。

建筑外观和室内设计包含了很多中国传统文化的元素。建筑外部形象、室内和景观设计整体效果、细节控制均好。

设计总负责人 • 刘方磊
项目经理 • 金卫钧
建筑 • 刘方磊　金卫钧　回炜炜　赵旭　徐瑾
结构 • 李志东　甄伟　张沫洵
设备 • 王毅　乔群英　赵彬彬
电气 • 余道鸿　姚赤飙

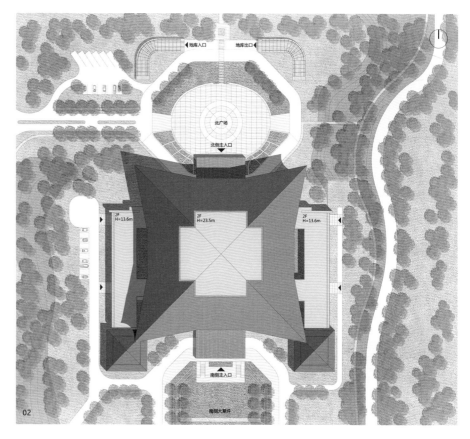

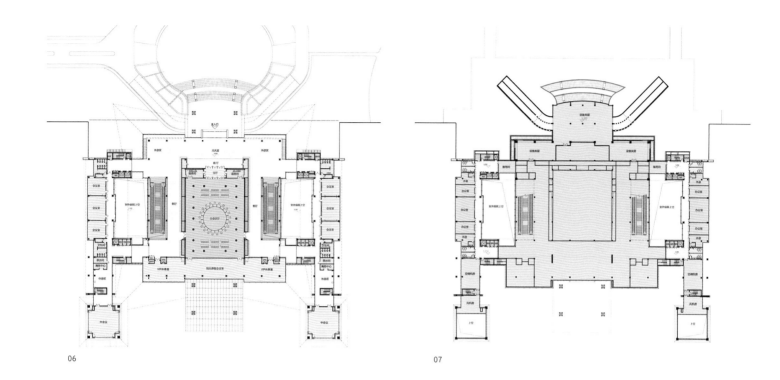

06

07

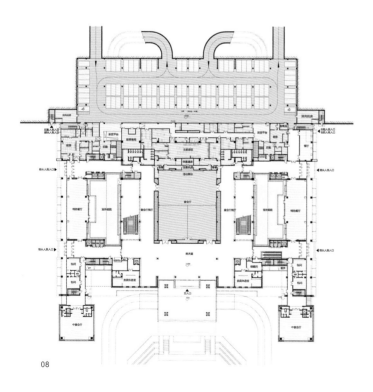

08

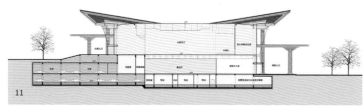

11

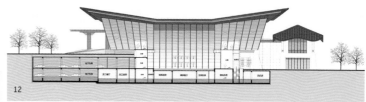

12

13

14

15

18

17

山东省会大剧院

一等奖 • 剧场
专项奖 • 室内设计

建设地点 • 山东省济南市
用地面积 • 19.75 hm²
建筑面积 • 7.48万m²
建筑高度 • 48.00 m

设计时间 • 2011.07
建成时间 • 2013.08
合作设计 • Paul Andreu Architecture Paris & Richez Associes

项目位于济南市西部新城文化中心区。南侧由歌剧厅、音乐厅和多功能厅三部分组成。分别设置观众厅，以公共前厅相连，既解决大量人流要求，避免了噪声干扰，又便于管理。专业流线（演员和舞台布景流线）与观众流线完全分开。

歌剧厅观众厅1800座，悬挑的楼座仿佛飘浮在空中。金黄基调配合幻影变化的彩光带，配以不同宽度起伏的金色墙面声反射板，形成金色大厅；音乐厅观众厅1500座，用于古典、现代音乐演奏。通过环状走道到达坐席，墙面强调整体性以营造天空氛围，背部的银色金属网增加深远感。室内与声学设计密切结合；多功能厅约500座，墙面设置由不锈钢分格条分隔的深色穿孔吸声板，安排活动座椅。

以"岱青海蓝"作为总体设计概念。每个演出厅分别设在三个双曲金属屋面壳体内，形成蓝色海面波浪的寓意。歌剧厅和音乐厅室内色彩柔和典雅，设计细节把控到位。

设计总负责人 • 陈 威　郭 鲲　魏 冬
项目经理 • 姜 维
建筑 • 陈 威　郭 鲲　魏 冬　李 翀　王裕国
　　　 丁 英　祥伟杰　董 雪　王东亮
结构 • 韩 巍　齐 欣　康 钊
设备 • 崔海平　章利君　王继光
电气 • 张建功　张曙光
经济 • 高 峰

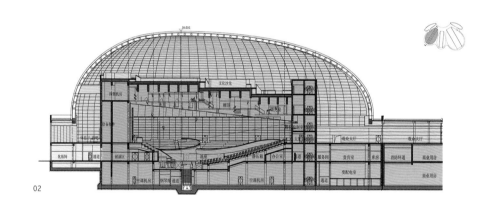

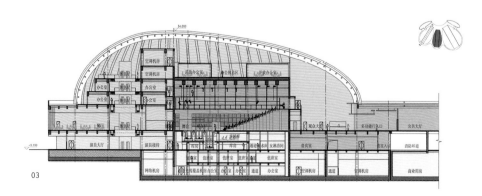

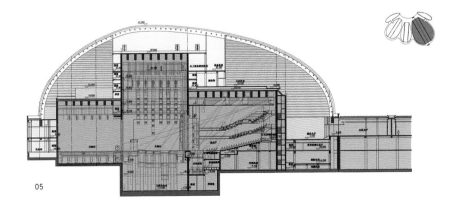

05

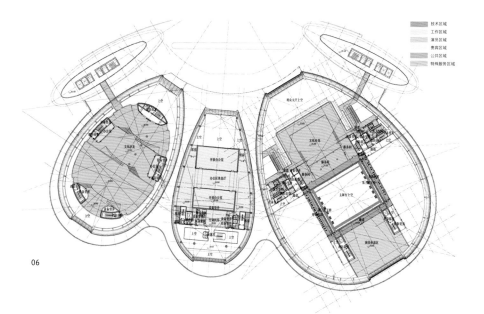

06

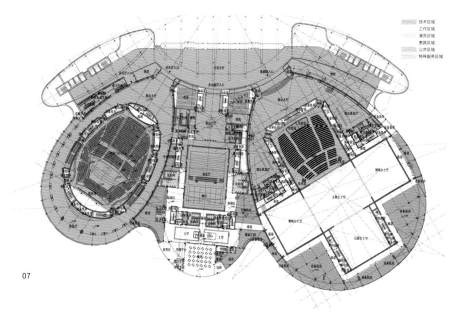

07

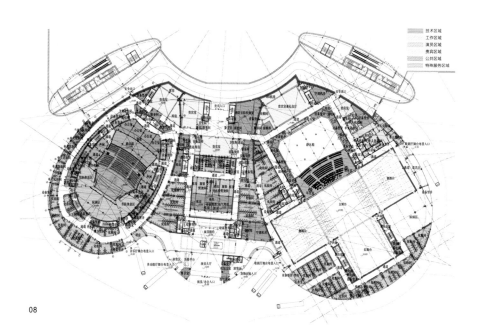

08

12

13

16

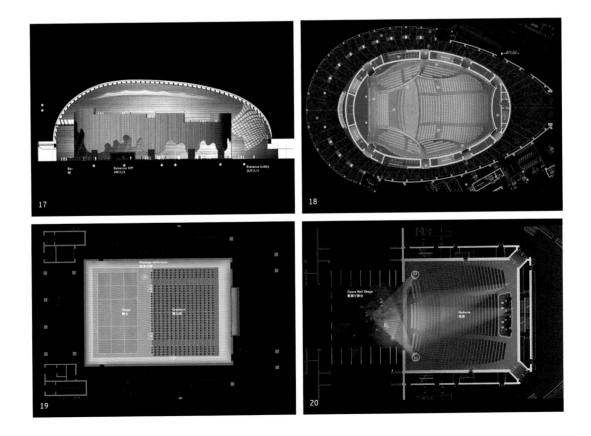

北京华尔道夫酒店

一等奖 • 商务酒店建筑

建设地点 • 北京市东城区
用地面积 • 8.08 hm²
建筑面积 • 4.42万 m²
建筑高度 • 50.00 m

设计时间 • 2011.0
建成时间 • 2014.01
合作设计 • 美国 ASGG

项目是希尔顿集团旗下顶级商务酒店，用地位于王府井大街金鱼胡同，被西堂子胡同分为南、北两块，北临现状住宅楼，东临和平宾馆，西侧为现状住宅楼和市级文物保护单位左宗棠故居。设计克服限制多、用地紧张的局限，功能定位清晰，平面布置成熟、紧凑，将场地内两颗古树加以保护。南侧为主楼，建筑造型规整，立面简洁、精细；北侧为二层四合院，以传统的中式院落适应环境。南北建筑风格迥异。南侧主楼北侧院落。

建筑形式采用现代造型与中国文化相融合的手法，主楼铜材质外观，矩形框架式立面构图内采用横竖线条分隔，借鉴了中国传统木构比例，响应特定环境场所，具有专业技术难度较大，设计精细化程度较好的特点。功能分区为：地下为后勤服务、机房及部分康体娱乐，南北两部分通过地下二层连通。南主楼首层至三层设大堂、接待、餐厅、宴会厅等公共用房，四层以上为客房。

设计总负责人 • 纪 合
项目经理 • 金卫钧
建筑 • 纪 合　土 竣
结构 • 盛 平　甄 伟　赵 明　王 轶　张沬洵
设备 • 段 钧　章宇峰　马月红
电气 • 庄 钧　张瑞松　孙 妍　张 争

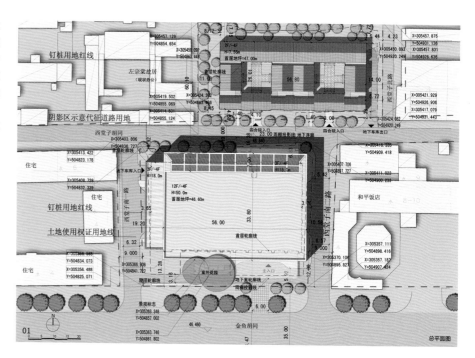

总平面图

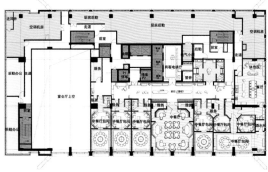

08

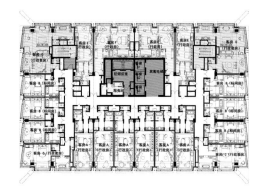

09

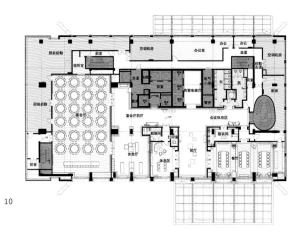

10

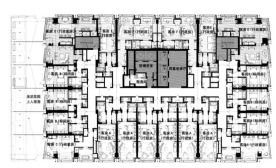

11

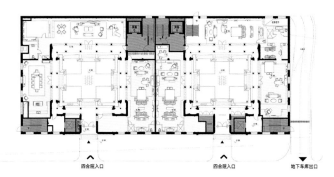

四合院入口　　　　四合院入口　　　　地下车库出口

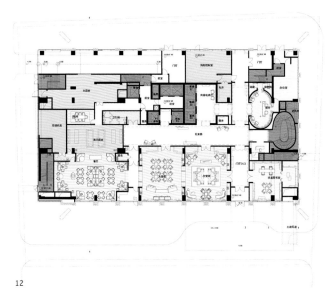

12

13

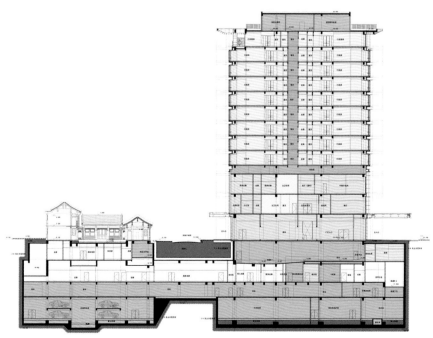

14

本页 15 宴会厅
　　 16 套房

对页 17 外立面夜景

海口天利酒店

二等奖 • 商务酒店 建筑

建设地点 • 海口市中心区
用地面积 • 5.39 hm²
建筑面积 • 7.80 万 m²
建筑高度 • 29.30 m

设计时间 • 2013.05
建成时间 • 2014.03
合作设计 • 美国 WATG 酒店和度假休闲建筑设计集团

项目位于海口市国际会展中心用地西北，北临琼州海峡，由酒店、SPA、别墅、餐饮、后勤服务等功能组成，客房数约400 间。根据海南气候特点，酒店采用全开放式空间设计，所有公共空间平时均为开敞形式，促进通风。作为热带海滨旅游度假酒店，项目最大限度地利用北侧海景，采用面向海面的环抱型分散式布局。结合地形的较大高差，立体地解决了各功能入口。建筑划分为多个小规模的单体，之间通过连廊进行联系，满足使用需求。

单廊式客房设计，客房及主要公共空间有充分的景观面，强调私密性。南侧面向城市，设置入口、宴会、空间等功能，隔绝嘈杂城市环境，强调公共性，并通过主楼局部底层开敞与北侧海景相连通。地下设置停车、机房、后勤用房、康体娱乐等。

设计总负责人 • 解 钧 唐 佳
项目经理 • 杜 松
建筑 • 杜 松 解 钧 唐 佳 张昕然 魏长才
结构 • 徐福江 盛 平 高 昂 工 钬
设备 • 乔群英 王 毅 刘 昕 赵彬彬
电气 • 庄 钧 张瑞松

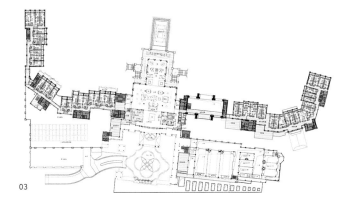

03

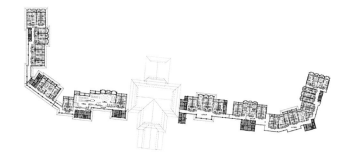

04

05

06

07

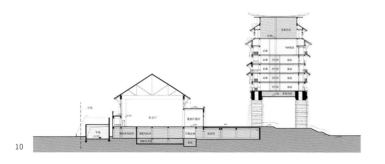

11

12

13

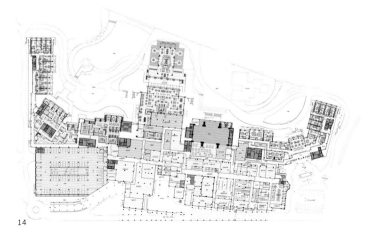

14

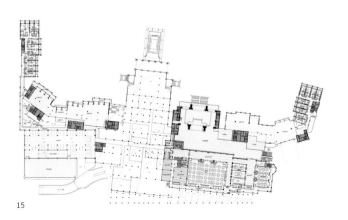

15

中新天津生态城
世茂希尔顿酒店

二等奖 • 商务酒店 建筑	建设地点 • 天津市滨海新区	建筑高度 • 23.35 m
	用地面积 • 6.88 hm²	设计时间 • 2010.07
	建筑面积 • 7.67 万 m²	建成时间 • 2014.11

项目为多层院落式建筑组群，坡屋面高低错落，形成连续、变化的建筑外轮廓，分为东、中、西三路。东、西路主要为客房区，中路为公共区。建筑南侧围绕主入口展开公共空间。首层设大堂和健身娱乐区；大堂和大堂吧之间设室外庭院。东路南侧为宴会厅和会议区，设独立出入口、停车区及 VIP 接待厅；西路南侧为全日餐厅，二层南侧为餐饮和会议。酒店后勤区和机动车库位于地下。

作为传统中式风格的北方城市商务酒店，设计采用古典中式建筑风格，公共区采用重檐歇山顶，客房区采用硬山顶，双面客房的屋顶采用勾连搭；严格按照《清式营造则例》的要求设计屋面坡度、飞檐和角部的翼角等。公共区的重檐歇山顶采用五步架，客房区为三步架。屋顶采用黑色筒瓦，外墙为石材、灰色陶板和仿石涂料，客房区阳台为中国红铝板。细节落实中式窗格，红色窗框歇山顶山花为红色和金色的铝板。项目获得"绿色三星设计标识"。

设计总负责人 • 潘 伟　徐 昊　陈彬磊
项 目 经 理 • 潘 伟
建筑 • 潘 伟　徐 昊　徐 进　司彬彬
　　　赵增鑫　赵长海
结构 • 陈彬磊　黄中杰　陈 栋
设备 • 柏 婧　张 成　郭 琦
电气 • 郭 宜　杨 萌　段 茜

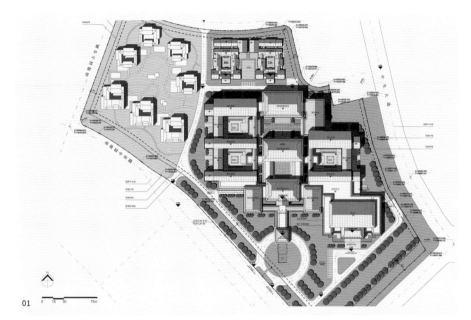

01　0　15　30　75m

02

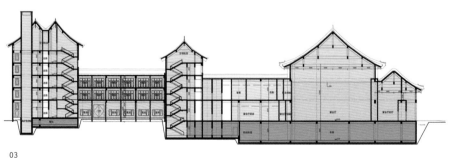

03

07

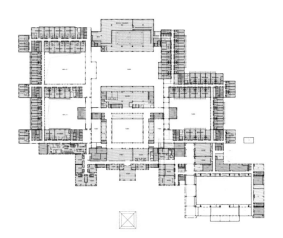

08

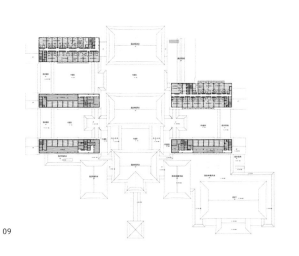

09

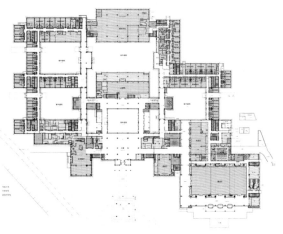

10

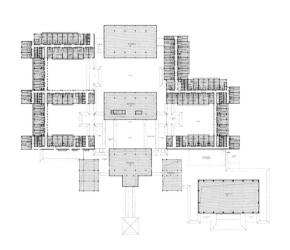

11

深圳华为新科研中心
D5 号会议楼

一等奖 • 活动中心

建设地点 • 深圳市龙岗区
用地面积 • 16.14 hm²
建筑面积 • 1.03 万 m²
建筑高度 • 9.90 m

设计时间 • 2009.09
建成时间 • 2014.07
合作设计 • 许李严建筑师事务所有限公司

项目是华为公司基地内休闲会议设施，由5栋基本相同的单体建筑组成，园林式布局，地形高低错落。5栋单体结合地势，功能布置合理，建筑结合南方气候特征，性格鲜明。地上为内庭院式布局，主要为会议、接待和休息室；地下为休息室和后勤机房，由服务人员的后勤通道连成一体。

小尺度建筑在环境中控制得当，建筑空间强调与自然环境的相互渗透与融合。室内、半室内、室外空间的过渡舒适、自然，层次丰富。立面处理与空间功能有机结合，强调装饰效果的同时保证室内空间的舒适度。外墙基本为木纹清水混凝土，局部出挑达十米；玻璃幕墙外表面设可活动木质格栅遮阳百叶；部分外墙为锌板幕墙；每栋楼装修风格各有不同。设计技术控制严谨，完成度高，施工质量好。

设计总负责人 • 高一涵
项目经理 • 潘旗
建筑 • 高一涵　莫斌　吕娟　庞聪
结构 • 孙鹏　杨洁　张歆宇　欧阳蔚
设备 • 王威　刘春昕　俞振乾
电气 • 王宁　时羽　阴恺　权禹

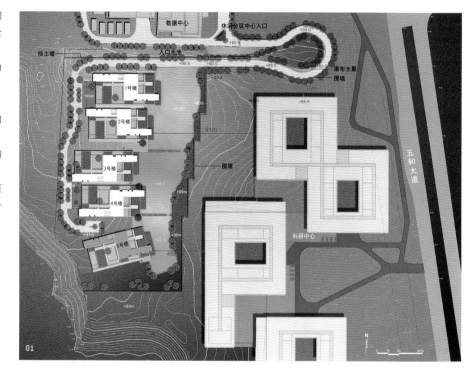

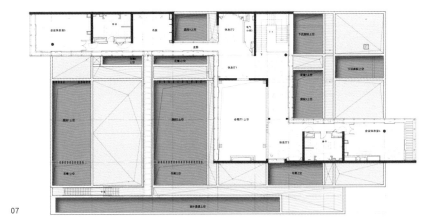

07

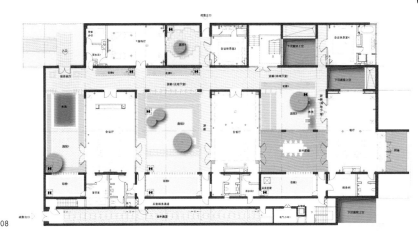

08

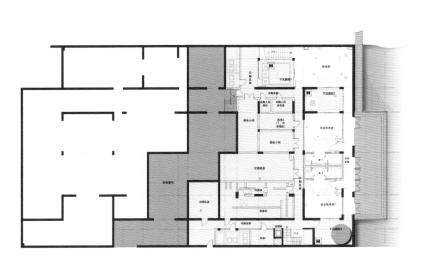

09

12

13

深圳宝安国际机场贵宾楼

二等奖 • 活动中心

建设地点 • 深圳市宝安区
用地面积 • 0.84 hm²
建筑面积 • 0.54万 m²

建筑高度 • 16.80m
设计时间 • 2012.06
建成时间 • 2013.11

项目位于深圳国际机场航站楼东南侧，是航站楼的附属建筑。入口有专用车道及停车场，为国内航线高端商务贵宾提供登机前简化流程的值机、托运及休息、餐饮等候机服务。功能对象以商务旅客为主，兼具政务贵宾候机的功能。针对不同的候机人群，设计了免检、优检、普检三种出发和到达流程，各自独立，根据业务运营需要进行管理。政务用房可作为企业的新闻发布和接待酒会之用。

贵宾楼采用规整的几何形体，各层悬挑、错动；除玻璃出入口外，外饰面为自然木质百叶外幕墙，并可遮阳；环建筑周边设置水景、中庭和室外屋面、休息平台等外部景观。除VIP厅外，休息、餐饮用房均能自然通风和采光。

建筑的形式感鲜明，布局合理，室内外空间丰富，在首层外围水景设计衬托下，整体低调、轻盈，外饰面细部完成度好。建筑几何形体富于个性化，富于体量感。

设计总负责人 • 马泷   刘琮
项目经理 • 潘旗
建筑 • 马泷   刘琮   张金保
结构 • 王国庆   靳海卿   徐宇明
设备 • 潘旗   方勇   金巍
电气 • 杨明轲   山珊
经济 • 张鸰   高洪明   陈云杉

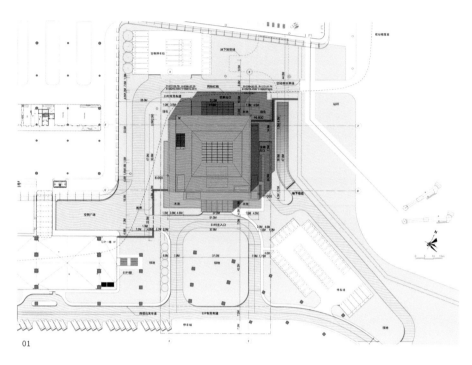

01

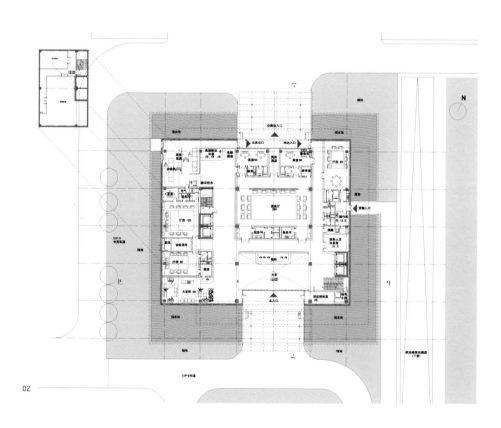

02

三亚海棠湾国际购物中心
一期

一等奖 • 商业中心

建设地点 • 海南省三亚市
用地面积 • 19.26hm²
建筑面积 • 11.94万m²
建筑高度 • 18.02m

设计时间 • 2013.12
建成时间 • 2014.08
合作设计 • 法国VP建筑设计公司

项目为临海的商业建筑，设有全球最大免税商业综合体，周边有酒店、产权式酒店待建。建筑的一、二层经营免税商品，三层经营有税商品与餐饮；A、B区在三层通过拱形玻璃连桥相通。地下一层主要为车库、免税品及餐饮库房，设有海关办公、员工办公区、货流区；车库有临近垂直交通。项目布局、分区合理，商业空间变化丰富，货流、客流及内部人员流线清晰。

建筑造型取意海棠花瓣，室内设有4个玻璃采光穹顶和1个喇叭形状彩釉玻璃采光天井，造型、空间设计具有典型的大型商业综合体特性。室外半围合庭院与建筑一体化设计，丰富建筑层次，室内采光穹顶带来良好自然采光，营造空间氛围和购物体验，进一步促进室内外环境融合。立面采用玻璃肋式吊挂幕墙、隐框玻璃幕墙与铝板幕墙（部分为穿孔铝板和浮花铝板）结合。

设计总负责人 • 陈曦 李军 龚泽
项目经理 • 王勇
建筑 • 王勇 陈曦 李军 龚泽 高蕊馨
结构 • 王皖兵 阚敦莉 柯吉鹏 秦凯
设备 • 薛沙舟 富晖 严一
电气 • 刘会彬 杨奕 张曦

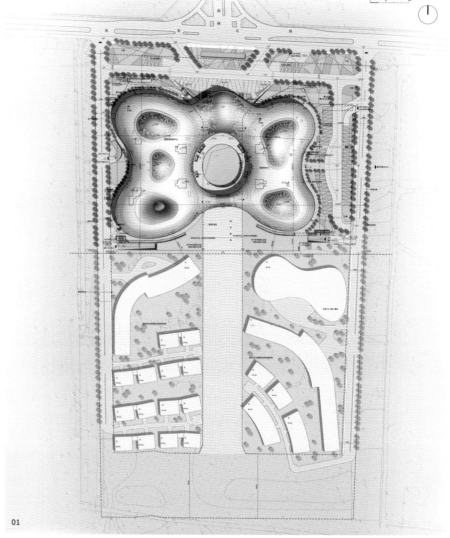

01

02

06

07

11

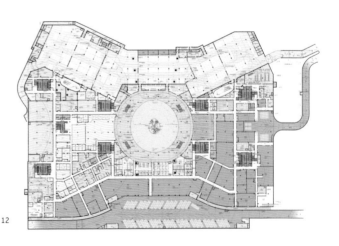

12

13

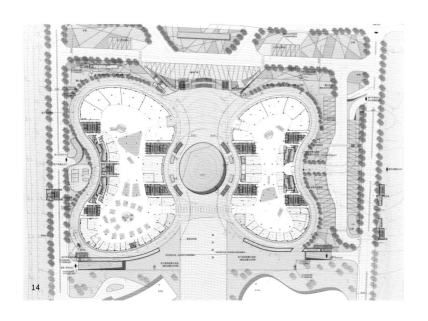

14

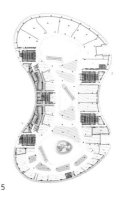

15

鸿坤广场商业中心

二等奖 • 商业中心　　建设地点 • 北京市大兴区　　设计时间 • 2013.04

用地面积 • 5.95 hm²　　建成时间 • 2014.05

建筑面积 • 14.05 万 m²　　合作设计 • 北京雅思迈建筑咨询有限公司

建筑高度 • 49.30 m

项目是位于西红门繁华区域的大型城市商业综合体，东临清真寺文保建筑，主要功能地上为精品店、餐饮、电影院，地下一层为超市及停车等。建筑高度由南向北逐步跌落，西南角门户区的形体趋于最高，结合高科技互动灯光设计形成视觉中心。总体布局、功能分区、平面布局、流线合理。表皮肌理完成度较好。

建筑形体构思取自"水中卵石"，致力于形成"宝石"形体，并以模数化原则控制建筑的曲线构型及平立面设计。建筑材料以玻璃和铝板为主，上层玻璃幕墙部分整合了 LED 屏幕及点阵灯光效果，形成动态的表皮肌理，并可发布实时信息及现场直播等。

设计总负责人 • 侯新元　韩 薇

项目经理 • 林 卫

建筑 • 侯新元　韩 薇　崔永刚　甄娅凰　张雪轶

结构 • 徐 东　李俊妞　郭圆圆　李 静

设备 • 李国亮　王 芳　俞振乾　张 辉

电气 • 王瑞英　郭金超

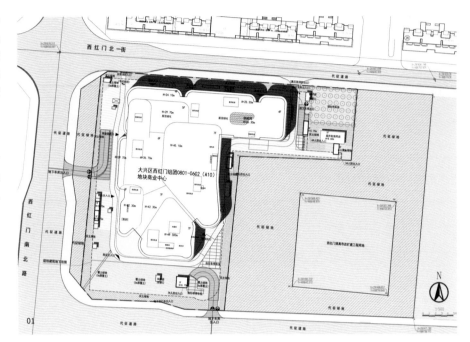

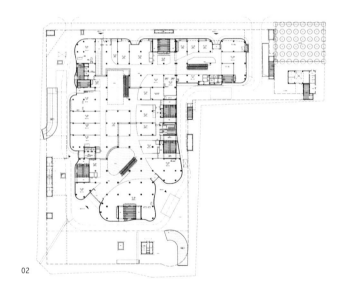

02

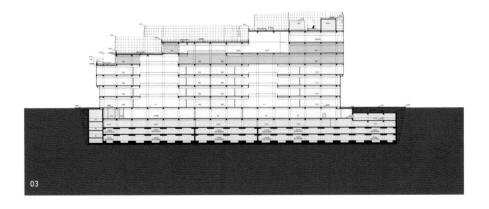

03

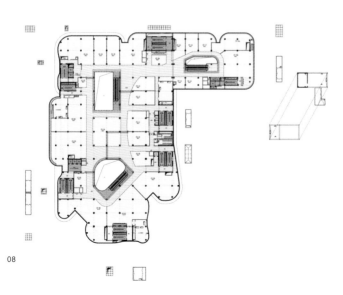

08

09

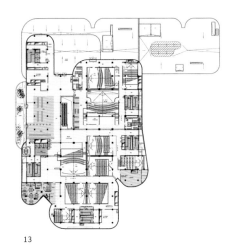

13

14

中国驻澳大利亚大使馆新馆

一等奖 • 使馆

建设地点 • 澳大利亚堪培拉市
用地面积 • 1.85 hm²
建筑面积 • 0.76 万 m²

建筑高度 • 12.00 m
设计时间 • 2007.08
建成时间 • 2014.03

项目包括官邸、办公楼、馆员公寓、南北传达室和地下车库，共计 6 个独立建筑；功能包括对外接待、会议、办公和使馆人员的生活。主要建筑均有安静安全的内院，动静、内外要求各有不同。场地保留大量树木，与大草坪相间，可举行大型招待活动。园区与周边环境相融；建筑错落有致、分布合理，各子项功能分区相宜。内向庭院及屋顶反映了中国文化传统并提供通风、采光、景观、遮阳避雨等功效，空间层次丰富，尺度适宜，细部构造到位，模数整体设计统一，完成度高。

设计总负责人 • 邵韦平
项目经理 • 刘宇光　冯冰凌　王宇
建筑 • 邵韦平　刘宇光　冯冰凌　王宇　潘辉
　　　顾知春　杨坤　卫江　刘立芳　丁明达
结构 • 郑辉
设备 • 侯宇
电气 • 张力
经济 • 张鸧　徐凤玲

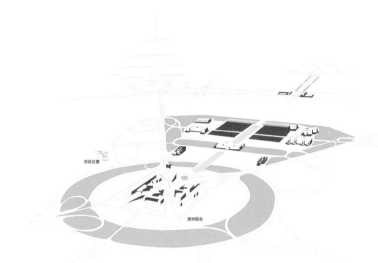

01

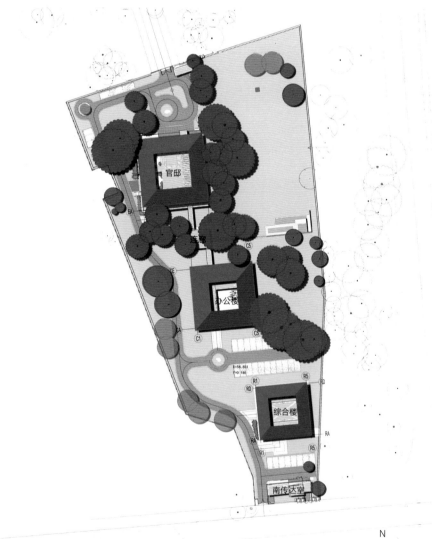

02

北京国际文化贸易企业集聚中心

一等奖 · 工业建筑　　建设地点 · 北京市顺义区　　建筑高度 · 30.00 m

用地面积 · 7.02 hm²　　设计时间 · 2013.10

建筑面积 · 19.26 万 m²　　建成时间 · 2014.10

项目位于顺义天竺综合保税区 2-2 地块内，毗邻首都机场，是国内首个"文化保税区"。采用"一核四区"的布局方式，通过中央下沉广场和"风车状"车行道路将 28 栋单体建筑划分为四区，形成"街区 + 小型广场 + 下沉庭院"的外部空间形态，丰富空间层次，提高空间品质，化解限高引起的建筑密度大、容积率高的问题。建筑群体个性鲜明，地下庭院空间体系使建筑群成为整体，富有特色和趣味。

建筑地上功能为门厅、办公、艺术品展示 / 制作 / 加工 / 修复；地下功能为配套用房、艺术品库、汽车库、设备用房。立面以玻璃、石材等组合，统一中追求变化，注重比例和细部以体现文化产业特质。注重"第五立面"以响应毗邻首都机场的优越性。采用实用高效的技术整合策略，实现屋面、场地、地下庭院"一体化"雨水综合利用与景观绿化；采用局部大跨度结构柱网等技术手段。

设计总负责人 · 朱小地　　陈震宇

项目经理 · 叶依谦

建筑 · 朱小地　　叶依谦　　陈震宇　　王爽
　　　　孙梦　　刘智　　何毅敏

结构 · 卢清刚　　詹延杰　　展兴鹏

设备 · 杨东哲　　贺克瑾

电气 · 张安明　　金颖

经济 · 张广宇

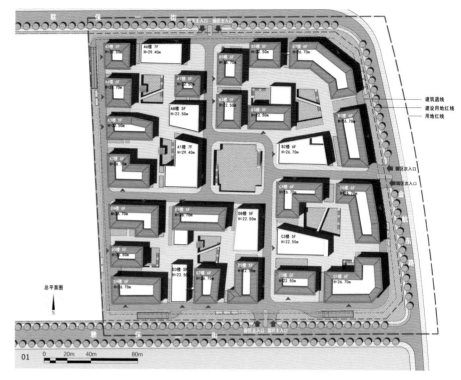

总平面图

01　0　20m　40m　80m

02

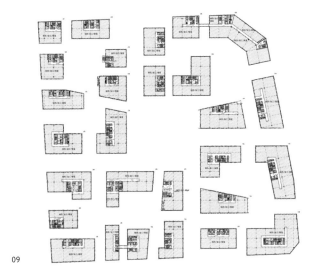

09

10

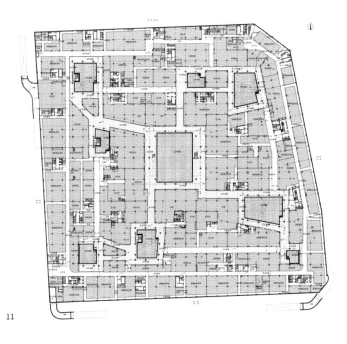

11

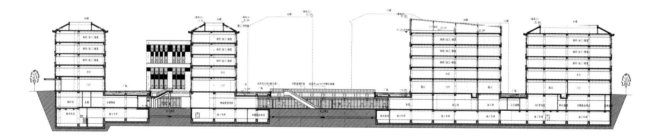

12

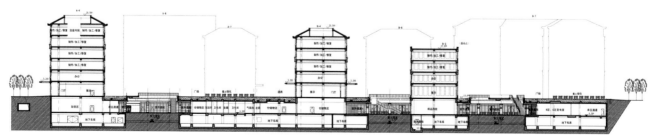

13

北京四中长阳校区

一等奖 • 中小学建筑
专项奖 • 绿建设计

建设地点 • 北京市房山区
用地面积 • 5.97 hm²
建筑面积 • 5.98 万 m²
建筑高度 • 24.00 m

设计时间 • 2009.10
建成时间 • 2014.08
合作设计 • 北京开放建筑设计咨询有限公司
（open 建筑事务所）
北京清华同衡规划设计研究院（绿建设计）

校园主入口位于北侧，西侧设车行出入口，南侧设宿舍出入口。校园场地北高南低，高差近 4 米，北、东两侧较市政路下沉 1～2 米。

教学楼、礼堂、体育馆、食堂、教师办公、车库等功能综合为一体，各功能空间既独立又互相联系。架空层设教学楼主门厅、垂直交通。教学楼采用"一字形"单廊平面形式，通过南北向连廊连接，争取最多的自然采光和通风。礼堂、体育馆、食堂等大空间被设计成覆土建筑和看台，与架空层形成立体式花园，使学校内部环境舒适宜人，并提供多种形式的教学和活动空间，营造田园式校园。

设计打破传统模式，整合多种功能，创造了大量室内活动空间和富于趣味的外部环境，为新型教学活动提供更适宜的功能空间。

项目通过"绿色三星设计认证"。采用绿色技术：设置架空层，构造夏季通风廊道，改善场地风环境；设计绿化屋面，对降低热岛效应、保温隔热都起到作用，同时提供社会实践场所；设置三角形遮阳窗套、天窗，改善采光和通风条件；设置二氧化碳浓度探点，即时监测报告厅、门厅等场所的二氧化碳浓度，并与新风联动；采用高效机组，提高空调系统性能水平。

采用 BIM 技术和专业软件模拟场地环境，进行辅助设计：对各主要功能空间进行采光、通风、舒适度模拟及优化；结合分析结果设置水池、绿坡山包等景观提高环境舒适度。

设计总负责人 • 王亦知　　高一涵
项目经理 • 岳 光
建筑 • 王亦知　　高一涵　　岳 光　　陈贝力
　　　杜立军　　陈 妤
结构 • 杨 洁　　刘笠川　　王 奎
设备 • 董大纲　　樊 华　　李 曼　　赵丹蒙
电气 • 陆 东　　贾云超

02

01

03

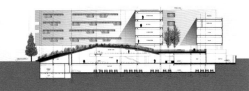

07

08

09

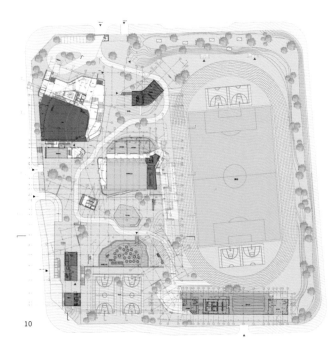

10

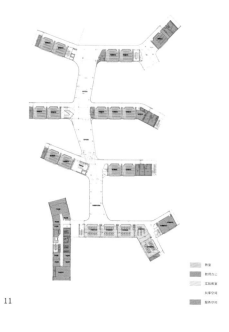

11

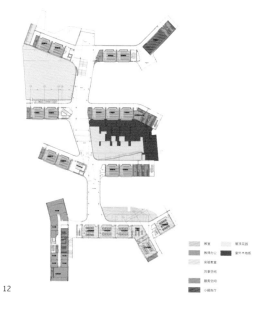

12

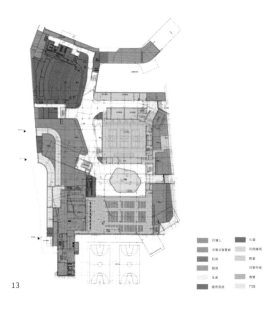

13

3.场地风环境分析

春季：人高度处(1.5m)风速处于0.5~3.0m/s的风速带较长，春季行人区大部分风速在2.0m/s左右。

夏季：为更好的营造园区风环境，本项目建筑采用架空层，夏季构建多条通风廊道。在架空层处风速可达到2.8m/s，夏季行人区大部分风速在1.5m/s左右。

秋季：人高度处(1.5m)风速处于1.0~2.5m/s的风速带较长，秋季行人区大部分风速在1.5m/s左右

冬季：架空层提升时，风速达到3.7m/s，行人高度处平均风速在2.4m/s左右，<5m/s的要求

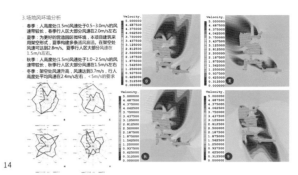

14

6.自然通风

采用多区域网络法对教学楼和宿舍楼的自然通风进行模拟，教学楼换气次数可达到7.9次/h，宿舍楼换气次数可达到3.6次/h。

141286.7	1121620.0	7.9
25804.5	92074.0	3.6

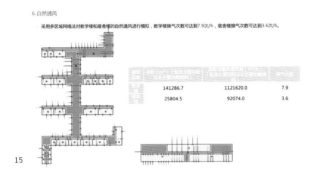

15

5.遮阳一体化

项目在平面布局上，把教室都布置在南向，在这些教室的遮阳洞口上，均设置外挑500mm的铝板窗套。而对于教室办公室，布置在西侧位置，为减少眩光影响及西晒，均设置了三角型遮阳构件，对于宿舍，设置了外挑650mm的铝板窗套。

经过优化分析，对比外挑400mm~外挑700mm遮阳方案，平衡了采光、辐射得热、眩光三因素，得出了适合的尺寸教室：500mm，宿舍楼：650mm。

CASE 北段

16

4.自然采光

教学楼满足采光要求的面积比例为94.5%。
宿舍楼满足采光要求的面积比例为100%。

地下采光改善：在首层的下沉下圆位置，设置了三个半径为700mm（单个面积约为1.54㎡）的天窗，满足比例达到12.56%，有效的改善了地下空间的采光。

17

1.适宜北京气候的植物

项目通用了适宜北京气候生长的乔木和灌木，且采用了乔灌木及屋顶绿化。

主要乔木：新疆杨、馒头柳、白蜡、国槐、柿子树、银杏树等。

主要灌木：海棠、紫叶桃、山桃、连翘、枣树等。

2.屋顶绿化

本项目采用屋顶绿化，主要以种植屋顶试验农田的形式实现。屋顶农田进行了实践耕种，确保技术可行性。

教学楼屋顶面积为5286.2㎡，其中设备机房为301.1㎡，可绿化面积4985.1㎡，试验农田为2943.4㎡，比例为59.0%。

18

19

20

21

22

蚌埠二中新校区

一等奖 • 中小学建筑

建设地点 • 安徽省蚌埠市
用地面积 • 20.33 hm²
建筑面积 • 12.92 万 m²

建筑高度 • 23.90 m
设计时间 • 2010.12
建成时间 • 2014.12

蚌埠二中是安徽省重点中学，新校区有 100 个高中班，位于蚌埠市城市新区。校园主要入口设在北侧，东侧设礼仪入口，南侧和西侧设置了次要出入口和后勤出入口。教学区位于北侧，由三栋综合教学楼、综合实验楼、综合艺术楼组成；生活区位于西南侧，包括两组宿舍楼和生活服务楼；体育活动区在东南侧和西北侧，教学区与体育区之间有综合行政楼；校园的西侧预留了国际部发展用地。校园整体规划功能分区明确，院落式的建筑布局形成多样的室外活动空间。

整个校园设计以徽州建筑特点和"书院文化"背景为切入点，采用具有徽州特色的灰白色系作为主要基调，结合体量变化将明快的彩色墙面穿插在院落式的建筑之中，建筑形态明朗而朴素。以建筑组群形成多层级的庭院空间，不同的院落形态得以呈现，将中国传统书院建筑的氛围带入校园，为师生的校园学习生活提供了更多不同层面的交流场所。建筑立面较丰富，具有中小学建筑特点；单体建筑功能流线合理、对专项设计的细节考虑充分。

设计总负责人 • 王小工　石华
项目经理 • 王珂
建筑 • 王小工　石华　王英童　周娅妮　张凤启
结构 • 毛伟中　逯烨　张研　丁淼　张冉
设备 • 唐强　孙宗齐　吴学蕾
电气 • 张力　何枫青

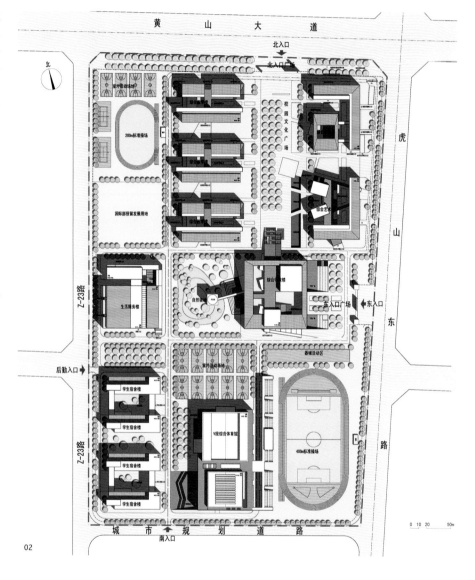

02

01

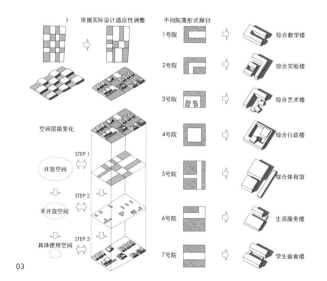

03

04

05

06

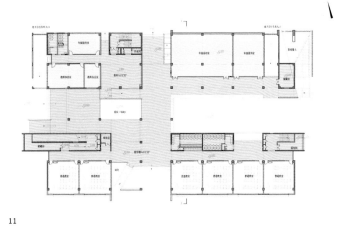

11

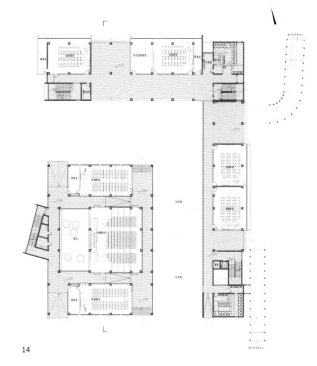

14

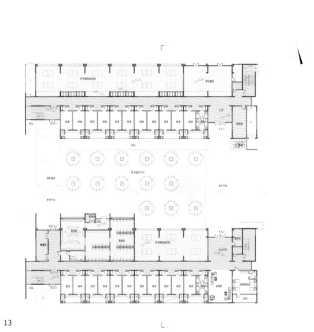

12

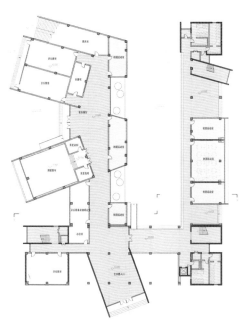

13

15

育翔小学回龙观学校

二等奖 • 中小学建筑

建设地点 • 北京市昌平区		建筑高度 • 22.00 m
用地面积 • 3.85 hm²		设计时间 • 2012.12
建筑面积 • 4.36 万 m²		建成时间 • 2014.06

项目位于回龙观镇，是西城区旧城保护定向安置项目的配套设施，设有 48 班完全小学。校园主入口设在用地南侧，后勤和车辆出入口位于用地西侧，地下车库出入口设于教学楼北侧。主教学楼布置在校园东侧，运动区布置在校园西侧。教学楼有三个普通教学单元，由公共教学单元和活动空间进行连接，南侧设多功能风雨操场和大报告厅，公共空间设在地下一层与首层，其屋面与操场看台和景观植被结合，形成多层次的学生交往活动场所。

建筑外观简洁现代，穿插的几何形建筑体块与景观充分结合，倾斜的绿色植被与建筑立面在视线上形成自然的融合。与传统的教学楼相比，项目增大了开放公共空间的面积比例，并使教学单元与公共空间结合，体现出设计对开放、多元化现代教育理念的积极响应。设计室外下沉庭院，将自然通风与采光引入地下一层。室内色彩系统适于儿童，形成空间区域的可识别特征。

设计总负责人 • 石 华　　周娅妮
项目经理 • 工 珂
建筑 • 石 华　　周娅妮　　褚奕爽　　王英童　　李 楠
结构 • 逯 烨　李 阳　李 昊
设备 • 唐 强　孙宗齐　战国嘉
电气 • 张 力　陈 婷
室内 • 张 晋
景观 • 郭 雪

01

02

03

04

05

06

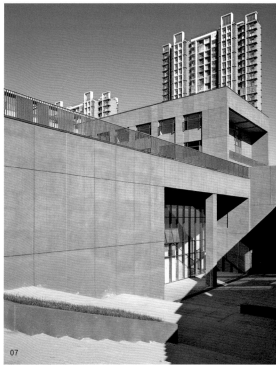

07

08

09

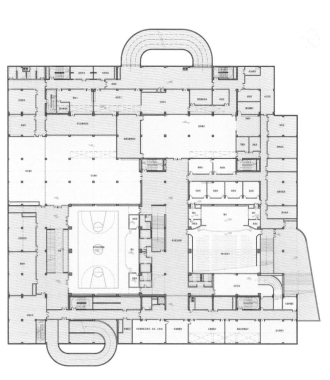

10

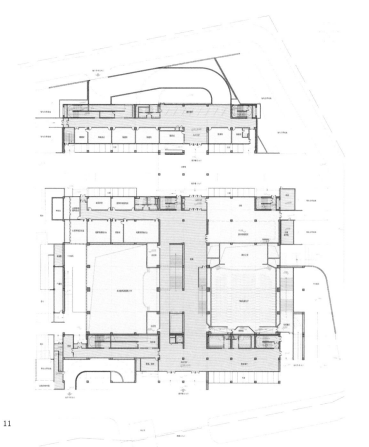

11

12

13

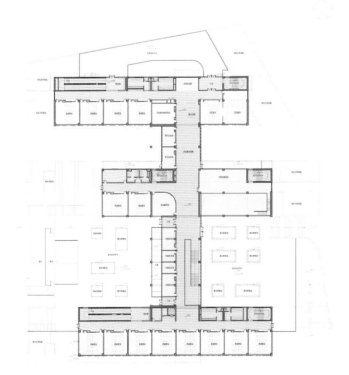

14

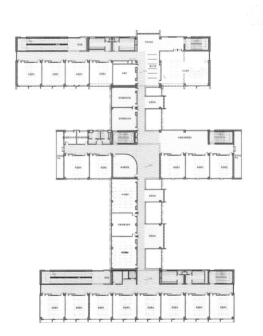

15

内蒙古农业大学工科实验楼

二等奖 • 高等院校
建筑

建设地点 • 内蒙古自治区呼和浩特市
建筑面积 • 3.62万 m²

建筑高度 • 31.90m
设计时间 • 2009.06
建成时间 • 2013.11

项目位于内蒙古农业大学东校区，紧邻城市道路，既属于校园又属于城市。设计充分尊重整个校区新规划的统一风格，考虑当地气候条件，在平面布局、立面等多方面予以了关注。平面采用"U"形构图，可拆解为"L"形和"一"形，分别为机电学院和材料艺术学院。两个学院空间独立，又可相互联系，满足教学功能变化和发展的灵活性要求，一层至五层为教学和实验用房，六层为设计教室，七层、八层为办公、研究用房。

建筑造型方正，富有北方建筑的阳刚之气；交通空间插入主体，形成体块和光影的变化；密而深的开窗适应当地的气候特征，同时形成与校园协调统一的立面肌理。场地西侧开敞，且为风沙来向，因此建筑西侧采用封闭形式以避风沙；东侧开口，形成半围合的跌落庭院，为建筑带来跳跃的元素。屋面装饰架借助光影效果，传递出蒙古族特有的文化特征。

设计总负责人 • 刘 淼
项目经理 • 刘 淼
建筑 • 刘 淼　周瑞平　赵 晨
结构 • 于东晖　张红河
设备 • 李树强　周 虹
电气 • 张博超

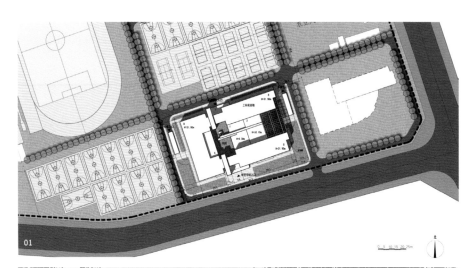

01

02

03

04

05

06

07

08

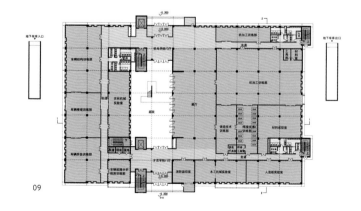

09

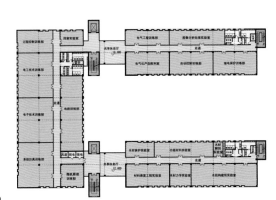

10

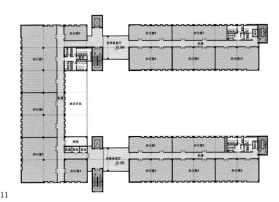

11

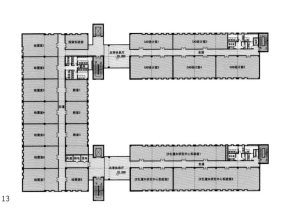

13

12

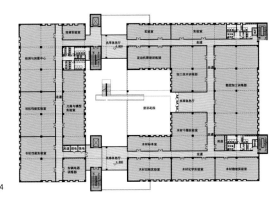

14

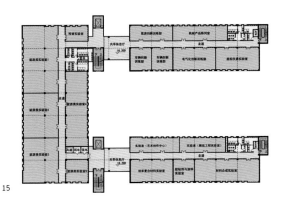

15

重庆国际博览中心

一等奖 • 会展综合体

建设地点 • 重庆市渝北区
用地面积 • 119.71 hm²
建筑面积 • 60.22 万 m²
建筑高度 • 67.59 m

设计时间 • 2012.04
建成时间 • 2013.11
合作设计 • 衡源德路工程设计 (北京) 有限公司

项目毗邻嘉陵江畔，具有良好的自然景观，相对独立，且与市政轨道密切配合，并在多功能厅前广场设置轨道交通出入口，两翼设计大面积停车区域。会议中心与酒店及多功能展厅均有连接，满足会议、住宿、展览"一体化"需求。考虑展厅部分的多种使用方式，在两端设计独立的登录大厅，南北两侧展厅可独立也可合并使用，适应不同规模的展览。多功能展厅位于中央，直接对应中央大广场，可用于展览和演出、体育赛事等。

项目属综合性会展中心，共设计 16 个标准无柱展厅和 2 万余平米的多功能展厅，其余配套包括会议中心、酒店、餐饮、商业。总体规划以中轴对称布局，中央区域依山势展开，依次为多功能展厅、会议中心和酒店，之间有连廊或通道联系。两翼为标准展厅，所有建筑被覆盖在蝴蝶形状的巨型屋顶之下。项目使用功能相对较复杂，设计较好地处理了各部分之间关系，同时结合自然环境处理，较好地整合处理成完整的建筑体型。

设计总负责人 • 张 宇 柯 蕾
项目经理 • 柯 蕾
建筑 • 张 宇 柯 蕾 彭 勃 尼 宁 檀建杰
结构 • 卫 东 位立强 单瑞增 周忠发
设备 • 石 鹤 杨东哲 杨 帆
电气 • 任 红 董 艺 彭松龙

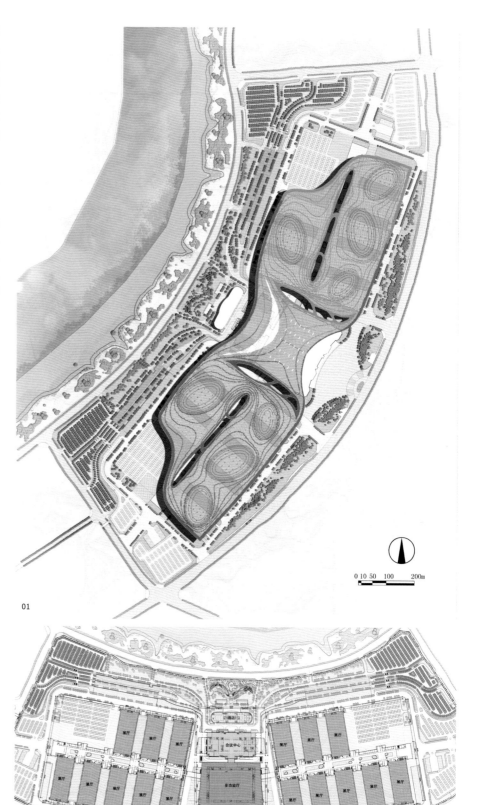

01

02

03

04

05

06

周口店北京人遗址博物馆迁建

二等奖 ● 博物馆

建设地点 ● 北京市房山区
用地面积 ● 3.81 hm²
建筑面积 ● 0.81万 m²

建筑高度 ● 9.00 m
设计时间 ● 2011.01
建成时间 ● 2014.05

建筑主体位于场地中间的下沉区域内，南侧为地上两层、地下一层办公用房；北侧为展览空间。东侧临京周路区域布置入口广场和引桥联通广场与博物馆主体。总平面为三角形布置，酷似北京人创造石器中的刮削器。建筑外观上的折面和折面间的交线取意于石器上的刃口特征，不仅使得建筑本身更具个性和博物馆的特征，并且结合建筑材料，更好地表现了"石器"这个主题。

展线设计为串联逐级下沉式，同样为了配合和强调展陈内容，给人深幽探秘的感受，同时尽量避免流线的穿插和反复。所有藏品库与展厅之间或平层临近，或可通过电梯和坡道直连，最大限度地避免藏品损坏的可能性。设计将建筑置于下沉式场地中间，有效地降低了建筑高度和体量感，建筑入口通过连桥与周边道路连接。不规则的造型赋予建筑强烈的动感，室内出现大量异形空间。

设计总负责人 ● 陈 民　王 宇
项目经理 ● 赵卫中
建筑 ● 陈 民　赵卫中　王 宇　林 阳
结构 ● 徐 斌　柯吉鹏
设备 ● 陈 盛　李 隽　侯青燕
电气 ● 骆 平　杨 帆
经济 ● 张广宇

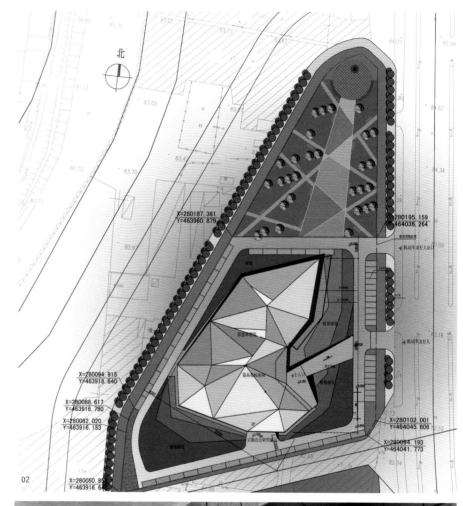

04

05

06

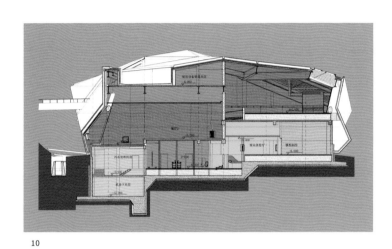

10

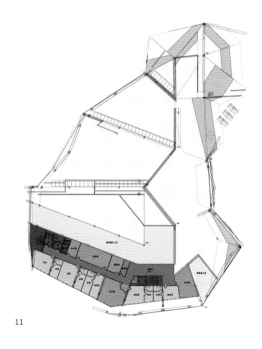

11

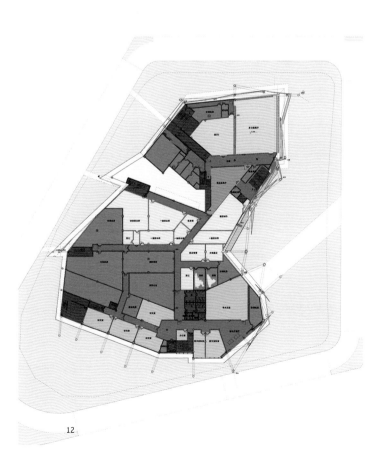

12

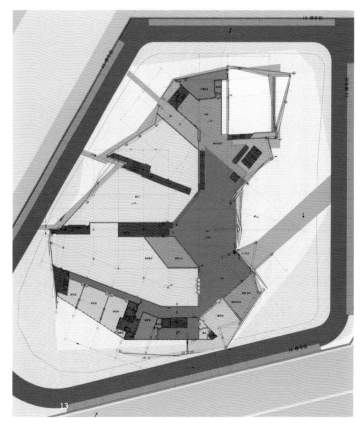

13

山东省博物馆新馆

二等奖 • 博物馆

建设地点 • 山东省济南市
用地面积 • 17.99 hm²
建筑面积 • 8.30 万 m²
建筑高度 • 40.80 m

设计时间 • 2009.01
建成时间 • 2010.06
合作设计 • 清华大学建筑设计研究院

项目位于济南市燕山立交桥以东、经十东路以北东部新城中心区域。新馆功能区包括：展陈、宣教、藏品保管、业务科研、安全保卫与消防、行政办公及机电设备功能区。

作为大型省级博物馆，建筑形体方正，布局对称。大厅南侧室内外高差 3.0 米，主入口层层高 9.8 米。以上两层展厅层高 8.4 米，顶层设有一圆形展厅，作为临时展厅使用。主入口层以下部分主要设有设备用房及藏品库，层高 6.5 米。立面造型设计采用了雕塑化的手法，将立方体构成的基本体量在四个角部进行了模数化切削，顶部则开启了巨大的穹顶，建筑的四个立面中部设计了入口的柱廊阵列。室内主要空间围绕中央大厅布置，空间方正，流线清晰。

设计总负责人 • 李 玲　张庆利
项目经理 • 金卫钧
建筑 • 金卫钧　李 玲　张庆利　闫淑信
结构 • 盛 平　甄 伟　高 昂
设备 • 洪峰凯　乔群英　赵彬彬　徐 啸
电气 • 庄 钧　刘 倩　张安明　陈 莹

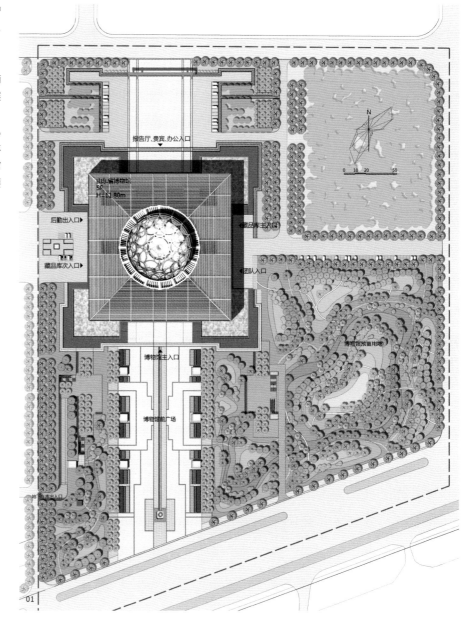

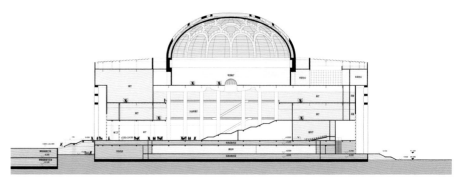

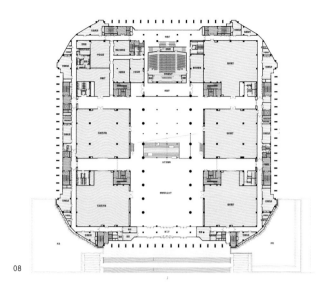

08

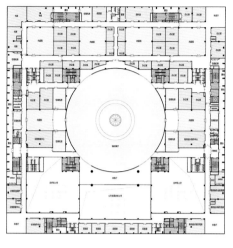

09

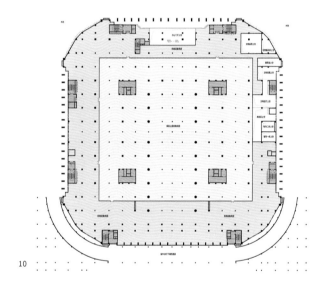

10

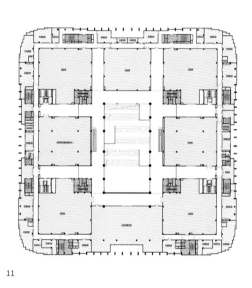

11

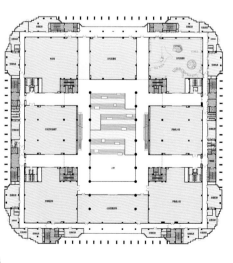

12

13

中建雁栖湖景酒店改扩建

二等奖 · 改扩建

建设地点 · 北京市怀柔区
用地面积 · 4.82 hm²
建筑面积 · 5.39 万 m²

建筑高度 · 55.60 m
设计时间 · 2013.11
建成时间 · 2014.08

项目位于雁栖湖东北侧，以培训、会议、休闲等功能为主，由培训中心和客房两部分组成。培训中心由会议培训、餐饮、康体健身等几个功能区组成，主入口设在用地南侧，沿城市干道布置大堂、会议、康体设施。客房分为现状楼和新建楼两部分，主楼位于用地东南角，为现状建筑改造；新建客房楼位于北侧，地上二层，地下一层。

项目场地内部平整，梯形用地较规整，内部采用园林式院落布局，体现书院感的文化品位。幕墙以石材为主，现状高层改造与新建多层运用统一的建筑语言，使其有机整合。石材柱础的建筑厚重感暗喻企业品格；以体块的穿插、列柱及立面细长比例的划分，表现挺拔形象。内部功能及整体效果、细节的控制较好，在旧有建筑基础上品质有明显提升。

设计总负责人 · 梁燕妮　肖俊杰
项目经理 · 金卫钧
建筑 · 金卫钧　梁燕妮　肖俊杰　宋廷伟
结构 · 王轶　张力　李硕
设备 · 段钧　周小红　魏广艳　马月红　张志强
电气 · 刘佩智　陆皓　方悦

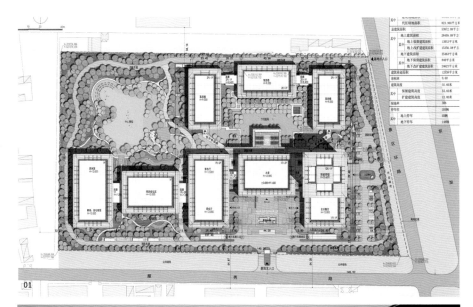

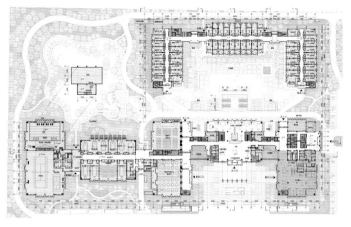

06

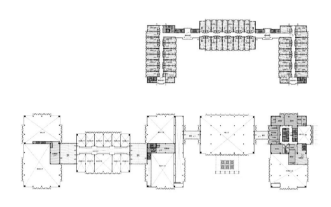

07

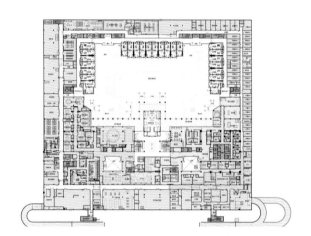

08

09

10

朝阳区第二社会福利中心

二等奖 • 福利建筑　　建设地点 • 北京市朝阳区　　建筑高度 • 42.90 m

用地面积 • 0.56 hm²　　设计时间 • 2013.09

建筑面积 • 2.09万m²　　建成时间 • 2014.12

项目地理位置优越，是朝阳区养老体系重点项目，也是CBD周边最大福利养老院，设460个养老床位。建筑"一"字形布局，呈北高南低的建筑形态，是紧密结合使用特点和用地条件的类型化设计，具有功能特点清晰、整体效果较好、细节表达得当的特点。建筑的外窗成一定角度，争取日照，呼应功能，形成立面特征。尽量留出室外活动场地，合理利用屋顶花园，丰富外部空间层次。

中心分为南北两个部分，北段主楼地上10层，主要为疗养室；南段地上两层主要为多功能厅和其他配套；地下一层为服务和机电用房，地下二、三层为车库。东侧设主入口，东南设机动车入口，地上为老年人室外步行活动区。主楼设置两个核心筒，日常使用与紧急救援及服务有效分开。每层南部设开放活动区，精细化处理各类厨房、餐厅以及公共活动空间，满足会议、演出、运动等多功能要求。

设计总负责人 • 陈　光

项目经理 • 陈　光

建筑 • 陈　光　黄　莹　任　平
　　　冯　青　詹　昱　刘海平

结构 • 郑浩然　崔　玮　于东晖

设备 • 颜　鳇　王　新　周　虹　孙成雷

电气 • 连康龙　张　健

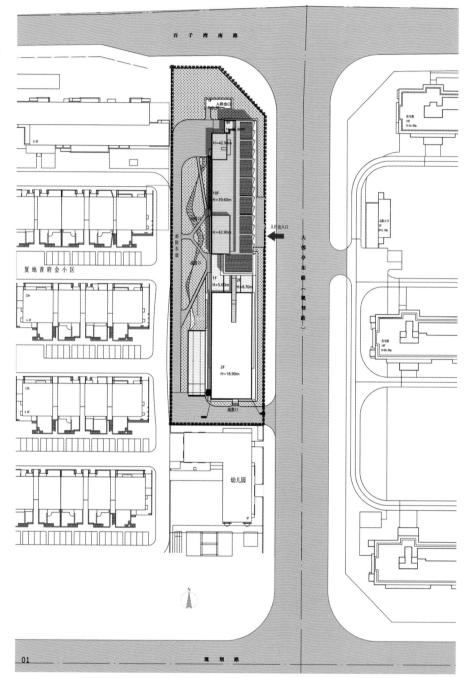

03

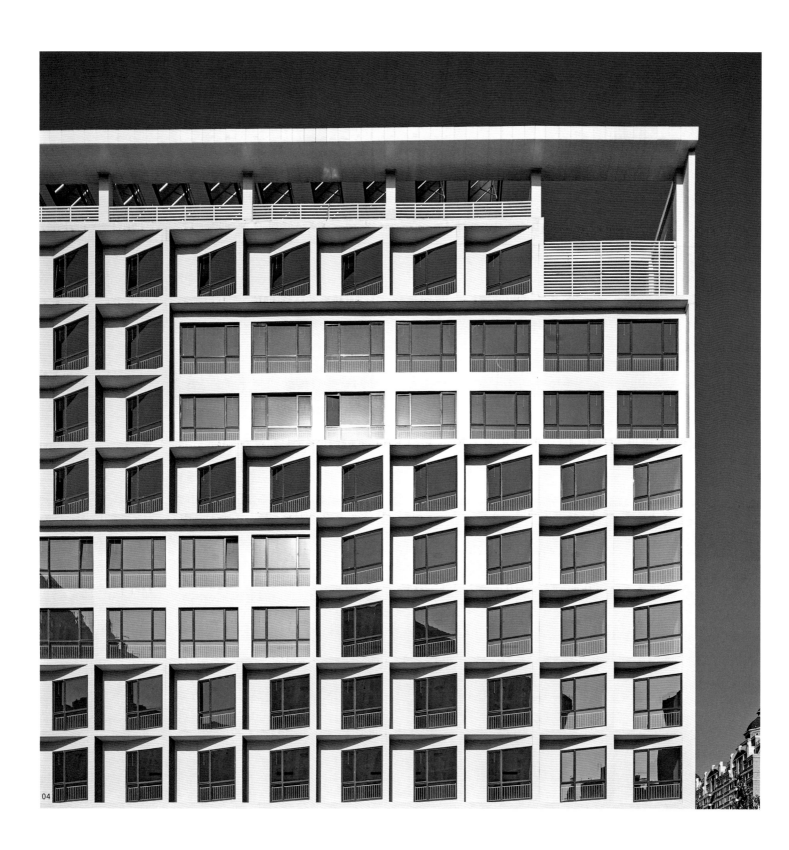

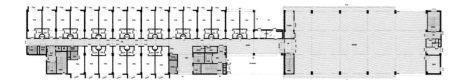

05

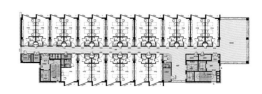

06

07

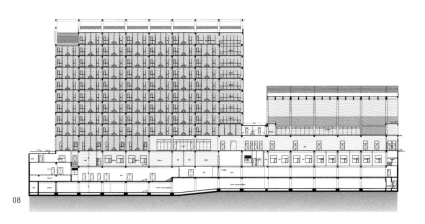

08

09

焦作市太极体育中心体育场

二等奖 · 体育场

建设地点 · 河南省焦作市
用地面积 · 21.59 hm²
建筑面积 · 5.39 万 m²

建筑高度 · 50.41 m
设计时间 · 2011.05
建成时间 · 2014.08

项目位于翁涧河以西、山阳路以东，为 3.6 万座的乙级体育场，曾举办 2014 年第十二届河南省运动会。体育场可以承办国内大型综合运动会，亦可向市民开放，举办文艺演出、集会等人型活动。体育场呈环抱之势，罩棚表皮采用金属材质，包裹整个建筑，形成简洁的几何形体，流线柔和、含蓄，表达出"太极文化"的特色，具有较强烈的动感。

体育场首层西侧设贵宾入口、竞赛用房，东侧设商业用房，西北侧与热身场地相连，作为运动员的检录处和休息室等，北侧设运动员餐厅及训练用房等；二层设环形平台，可以直接进入观众席和观众卫生间，解决大量人流集散需求。西侧平台设连桥与西侧建筑相连，东侧平台设两处大台阶通向地面，二层西侧设贵宾区；三层设包厢、广播电视及管理用房。起集散作用的环形平台可以从北、东、西进入。

设计总负责人 · 杨 洲
项目经理 · 曹颖丽
建筑 · 杨 洲　吴志勇　马 跃　刘 潇
　　　杨 鹏　赵 娜
结构 · 刘立杰　曹颖丽　董鹏程　李 柏
设备 · 张建朋　王 慷　潘秋浩
电气 · 徐中磊
经济 · 蒋夏涛

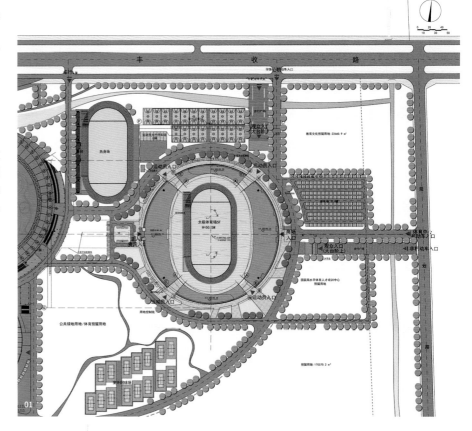

04

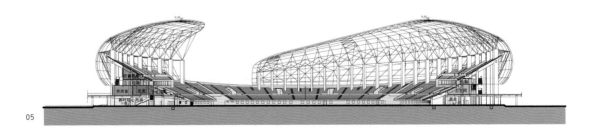

05

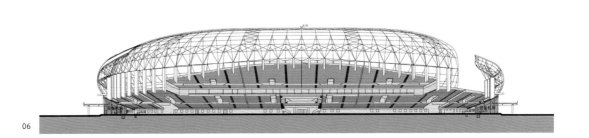

06

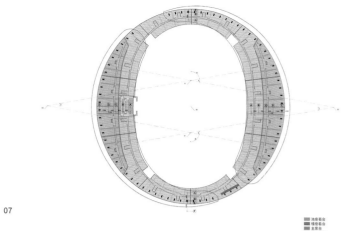

07

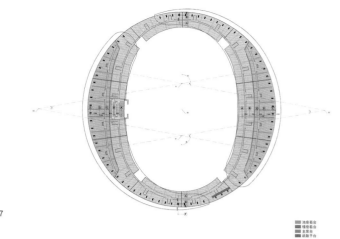

08

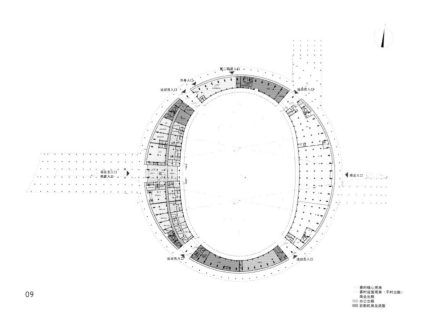

09

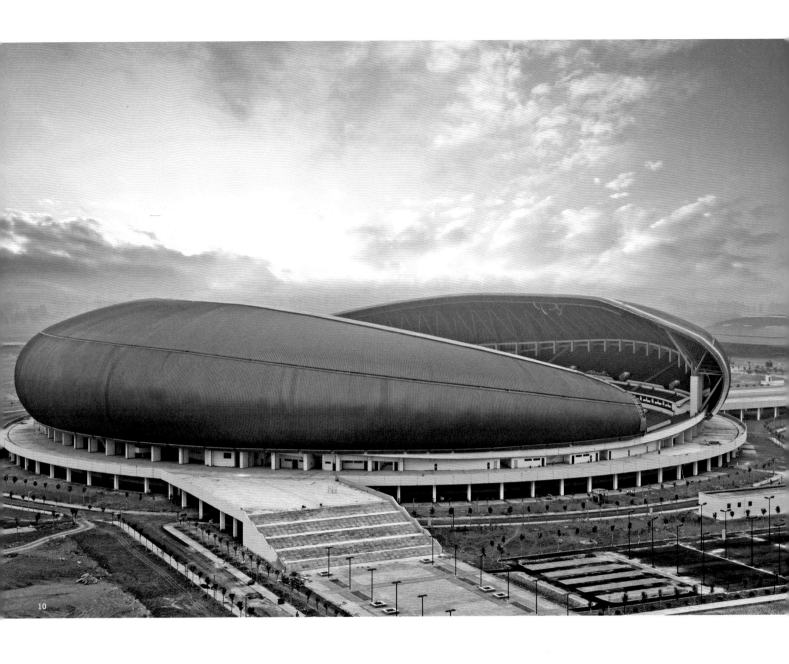

10

11

亚奥金茂悦住宅

一等奖 ● 高层住宅

建设地点 ● 北京市朝阳区	建筑高度 ● 55.35m
用地面积 ● 7.06 hm²	设计时间 ● 2013.01
建筑面积 ● 19.46 万 m²	建成时间 ● 2014.10

项目位于来广营乡。规划从环境和功能布局的角度，形成了级差分布：在北侧布置8层住宅；用地东西侧布置18层高层住宅；中间布置大户型产品和中心景观轴。整个项目的产品种类丰富，建筑层数从8层到18层。通过用地总体布局，有效提高每户的居住舒适度；同时使不同序列住宅在东西方向上错开，使住户能够享受到更多的阳光和空气。

设有两个主要出入口和一个辅助出入口。车辆由北侧和东侧入口进入地下车库，东侧设置步行辅助入口。小区内部实现人车分流。建筑立面以砖红色作为小区主色调；追求"学院派风格"，体现质感和细节。住宅产品种类丰富，通过合理的规划布局，使小区的空间形态变化不压抑。

设计总负责人 ● 刘晓钟　吴静　程浩　张凤
项目经理 ● 刘晓钟
建筑 ● 程浩　张凤　赵楠　王腾
　　　楚东旭　许涛　霍志红　李秀霞
　　　杜恺　丁倩　任琳琳
结构 ● 毛伟中　张妍
设备 ● 袁煌
电气 ● 肖旖旎

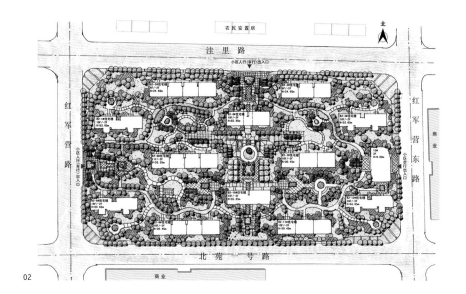

02

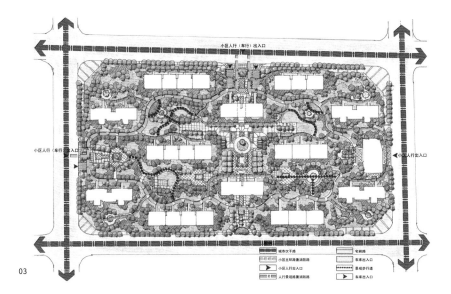

03

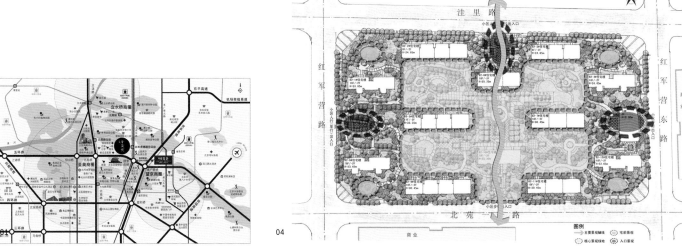

04

01

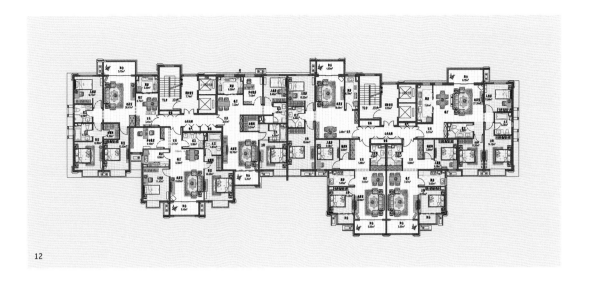

12

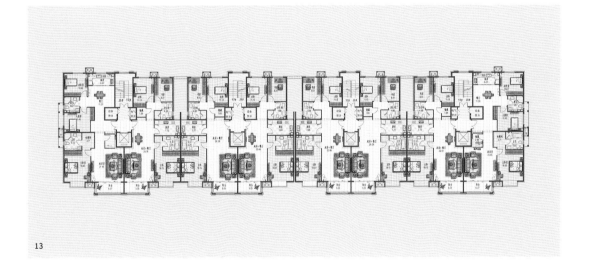

13

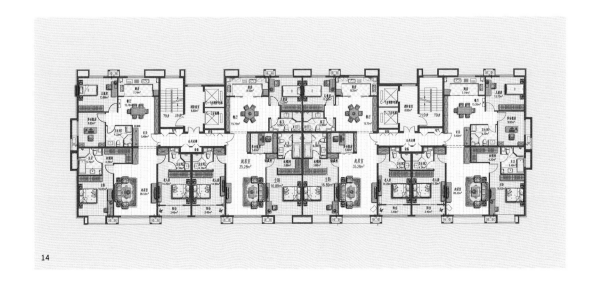

14

花溪度住宅

二等奖 • 高层住宅

建设地点 • 北京市顺义区
用地面积 • 12.59 hm²
建筑面积 • 23.26 万 m²
建筑高度 • 58.00 m

设计时间 • 2012.10
建成时间 • 2014.10
合作设计 • 北京普阐规划设计咨询有限公司

项目共布置 25 栋商品住宅楼及 1 栋配套公建楼。住宅产品类型丰富，包括高层、中高层住宅和花园洋房等。规划保留并改造区内大量现状树木，形成小区中部的公共绿化核心景观。为避免高层住宅小区对城市道路上的行人造成"巨墙"一般的压迫感，规划对南侧及北侧的沿街建筑采取了加大退让甚至降低层数的方法来打破"平板"式的布局，形成高低起伏、内外退让的建筑布局，丰富沿街建筑的天际线。为突破传统高层"一梯四户"单元无法解决南面两户的"南北通透"问题，在小户型高层住宅的单体设计中，通过设置两个交通核形成"两梯四户"高层单元，解决每一户的"南北通透"需求。建筑屋面平缓、挑檐深远、高低错落；米色横向线脚与深红色面砖形成强烈对比。

设计总负责人 • 吴 静　徐 浩
项 目 经 理 • 刘晓钟
建筑 • 刘晓钟　吴 静　徐 浩　钟晓彤　王 晨
　　　　褚爽然　蔡兴玥
结构 • 毛伟中　李 昊　张 冉
设备 • 孙江红　孙宗齐　战国嘉
电气 • 汪海泓　王远方

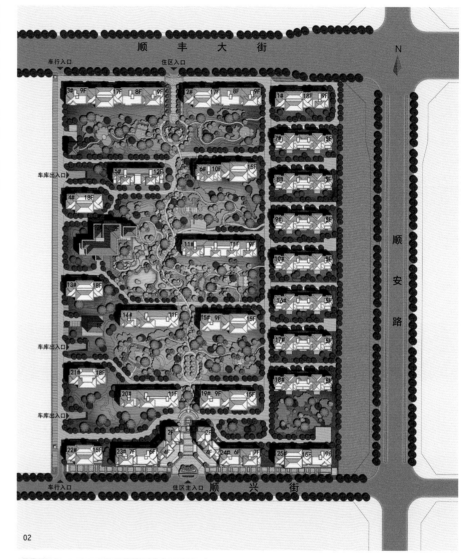

02

03

192

04

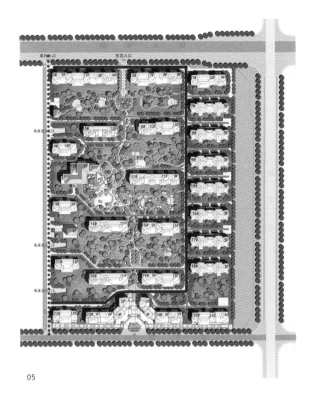

05

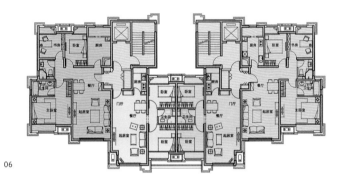

06

07

08

哈尔滨永泰城住宅

二等奖 • 高层住宅

建设地点 • 黑龙江省哈尔滨市	建筑高度 • 99.90m	
用地面积 • 4.43 hm²	设计时间 • 2012.09	
建筑面积 • 19.83万 m²	建成时间 • 2014.10	

项目位于香坊区公滨路与香福路交会处东南，高层住宅层数从23层至32层，围合成大庭院景观，从尺度上营造出"大社区、小住区"的居住氛围；在用地西北侧安排规模较大的集酒店、商业、公寓为一体的城市综合体。小区划分为四大组团，住宅与商业组团脱离。沿组团外围设计环形车行道，设计路边停车位。在各组团出入口处设计地下车库出入口，实现人车分流，形成安全的步行系统和安静的中心区域。

设计总负责人 • 刘晓钟　冯冰凌　张凤

项目经理 • 吴静

建筑 • 刘晓钟　吴静　冯冰凌　张凤　姜琳
　　　　李扬　王建　蔡兴玥　姚溪

结构 • 张俏　逯晔

设备 • 侯宇　任艳

电气 • 孙平　刘明洋

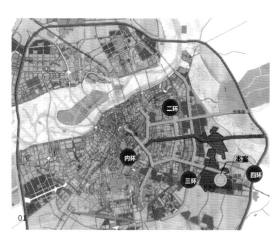

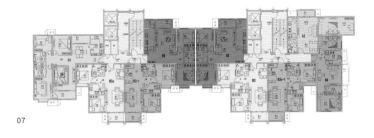

07

08

北京雁栖湖生态发展示范区规划景观综合提升设计

一等奖 • 实施项目　　建设地点 • 北京市怀柔区　　编制时间 • 2014.07
规划用地面积 • 2100 hm²　　批复时间 • 2014.08

本项目是为应对 2014 年 APEC 峰会对雁栖湖周边整体环境的需求，受北京市政府委托对会址区域 2100 公顷范围内的规划景观进行的综合提升设计和整合，具有规格高、规模庞大、专业众多、管理复杂的特点。项目涵盖总体景观提升、现状建筑改造规划导则、岸线设计、照明系统设计、标识系统设计、城市家具及市政设施的更新、会期运营规划、会后"5A"级旅游景区规划等多项内容。其中代表性成果包括：景观提升、建筑设计导则（风格、色彩、建筑和绿化空间尺度等）、市政服务设施等。

针对项目的特殊性，设计运用了"集成规划"的思维模式（将城市的区域属性、生态环境、策划、规划、文化、艺术、交通、建筑、景观、设施、实施等层面通过创造性的融合，使城市发展的各项集成要素之间互相匹配、互相促进，形成更高层次的、结构有序的城市发展新思维模式）。这种模式为城市建设者更多地从区域发展、系统统筹、经济回报、部门协同等角度提供一种全局性的综合原则和更为科学的公共政策，从而更好地发展、建设、管理和经营城市。

设计总负责人 • 徐聪艺
项目经理 • 杨 彬
建筑 • 徐聪艺　　李瀛洲　　刘晓春　　李学志
　　　　方楠楠　　王海军　　安 聪
规划 • 孙小龙　　刘 璐
景观 • 王立霞　　杨晓朦　　王 彪　　黄 莹
　　　　马 丽　　张 悦

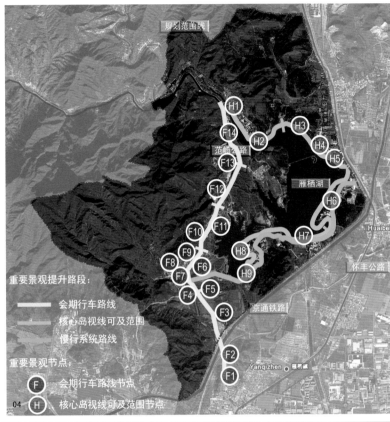

重要景观提升路段:

—— 会期行车路线

—— 核心岛视线可及范围

—— 慢行系统路线

重要景观节点:

(F) 会期行车路线节点

(H) 核心岛视线可及范围节点

04

11

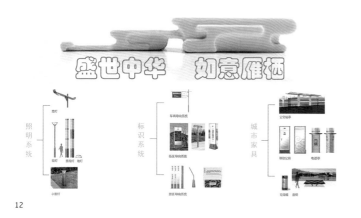

12

盛世中华 如意雁栖

照明系统

标识系统

城市家具

13

14

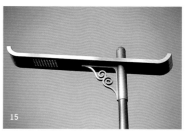

15

16

17

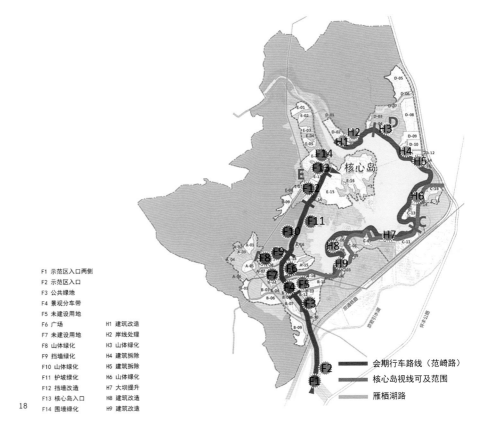

F1 示范区入口两侧
F2 示范区入口
F3 公共绿地
F4 景观分车带
F5 未建设用地
F6 广场
F7 未建设用地
F8 山体绿化
F9 挡墙绿化
F10 山体绿化
F11 护坡绿化
F12 挡墙改造
F13 核心岛入口
F14 围墙绿化

H1 建筑改造
H2 岸线处理
H3 山体绿化
H4 建筑拆除
H5 建筑拆除
H6 山体绿化
H7 大坝提升
H8 建筑改造
H9 建筑改造

18

会期行车路线（范崎路）
核心岛视线可及范围
雁栖湖路

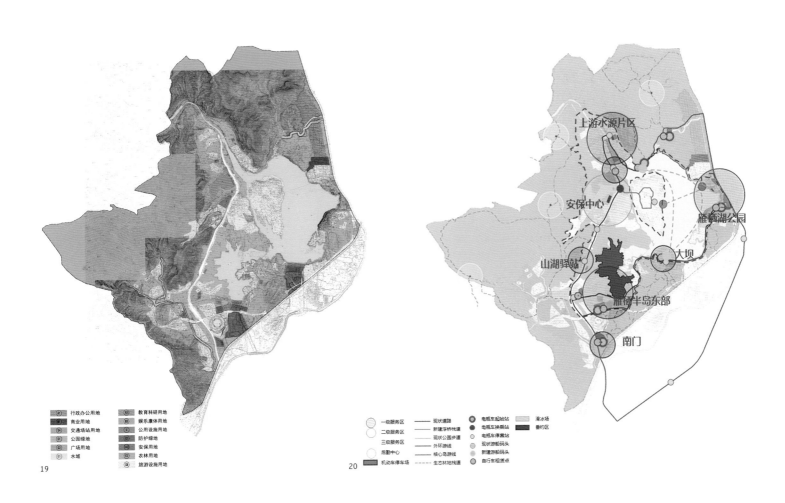

19

20

无锡市古运河沿线风光带沿线城市设计

一等奖 • 实施项目

建设地点 • 江苏省无锡市
规划用地面积 • 2017 hm²
规划建筑面积 • 约1200万 m²

编制时间 • 2014.12
批复时间 • 2014.12
合作设计 • 清华大学建筑学院

项目全长约1.8万米，总用地面积约20平方公里。区域内现存国家级和省级文物保护单位34个，市级文物保护单位44处，工业遗产22处，特色建筑保留19处，未来新增建面约1200万平方米。项目中运用"遗产复兴"和"复兴廊道"等规划理念，结合城市、围绕河流合理开展整体规划和城市设计。规划以无锡古运河为轴展开，由南向北依次划定了"7个主题发展片区"（生态芙蓉园等）和"24个无锡新景观"（北塘湿地等）与"56个景点"。廊道先行起步区分别为惠山古镇地区和锡钢地区。

设计结合用地开发和空间组织的特征，对古运河风光带沿线地区的用地布局、功能结构和空间形态进行了引导和控制；对建筑风貌以及环境品质等进行整体设计和引导。规划在尊重原有用地强度的基础上，提出"复兴廊道"的概念。通过对"复兴廊道"的统筹规划，提出两岸城市空间的控制引导措施，沿大运河风光带建设"文化景观、生态旅游、高端服务业"三大长廊。规划将突破传统的"河道"、"绿道"的规划理念，将沿岸约200米的城市发展空间纳入运河发展"廊道"范畴，通过对"廊道"的统筹规划，提出两岸城市空间的控制引导措施。

设计总负责人 • 吴晨　郑天
项目经理 • 吴晨
建筑 • 吴晨　郑天　伍辉　王曦　郑恺竞
规划 • 吴晨　施媛　刘一凡　李想　于蒙蒙
　　　沈洋　张梦桐
景观 • 吕文君　刘钢　孙慧　张静博

01

由北向南主要分为七个功能分区，分别为生态休闲区，文创娱乐区，旅游集散区，老城中心区，传统文化区，商务办公综合区以及绿色休闲区。七大功能分区的主题明确，各个功能区独具特色，各个区提倡功能混合利用，并进行功能相互补充。形成完善且主题明确的城市发展空间。

文创娱乐　蠡湖新天地

商贸旅游　龟背大都市

综合园区　锡韵流金城

生态休闲　生态芙蓉园

旅游集散　北塘老故事

历史街区　清明水弄堂

绿色休闲　运河纪念园

02　　　　七大核心区

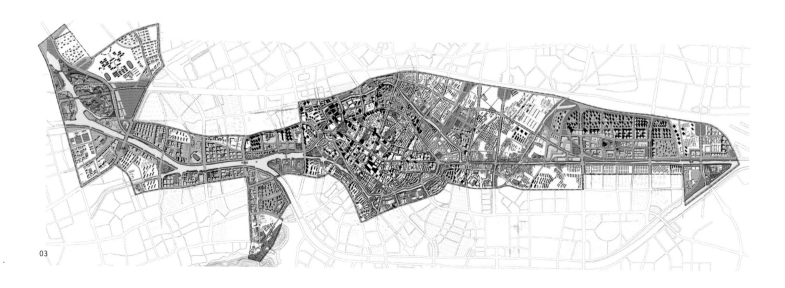

03

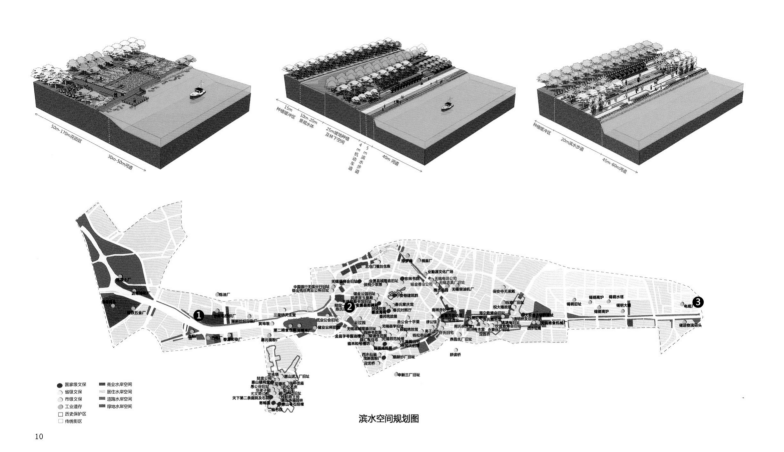

滨水空间规划图

10

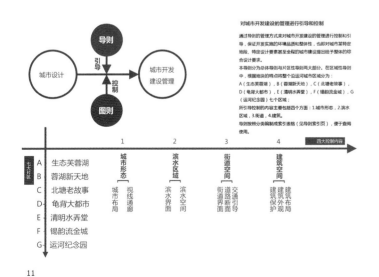

11

对城市开发建设的管理进行引导和控制

通过导则的管理方式来对城市开发建设的管理进行控制和引导，保证开发实施的环境品质和整体性，也即对城市某特定地段、特定设计要素甚至全程的城市建设提出综合设计要求。

本导则分为总体导则与片区性导则两大部分。在区域性导则中，根据地块的特点将整个沿运河城市区域分为：
A（生态芙蓉湖），B（蓉湖新天地），C（北塘老故事），D（龟背大都市），E（清明水弄堂），F（锡韵流金城），G（运河纪念园）七个中区；
所引导控制的内容主要包括四个方面：1.城市形态，2.滨水区域，3.街道，4.建筑。
导则按照分类编制成索引表格（见导则索引页），便于查阅使用。

控制要素 编号	城市形态 1	滨水空间 2	建筑风貌 3	建筑布局 4	沿河界面 5	街道界面 6	建筑外观 7	保护改造 8
生态芙蓉湖 A	A1-1	A1-2	A1-3	A1-4	A1-5	A1-6	A1-7	A1-8
蓉湖新天地 B	A2-1	A2-2	A2-3	A2-4	A2-5	A2-6	A2-7	A2-8
北塘老故事 C	B-1	B-2	B-3	B-4	B-5	B-6	B-7	B-8
龟背大都市 D	C-1	C-2	C-3	C-4	C-5	C-6	C-7	C-8
清明水弄堂 E	D-1	D-2	D-3	D-4	D-5	D-6	D-7	D-8
锡韵流金城 E	E1-1	E1-2	E1-3	E1-4	E1-5	E1-6	E1-7	E1-8
运河纪念园 F	E2-1	E2-2	E2-3	E2-4	E2-5	E2-6	E2-7	E2-8

12

13

14

15

其他获奖项目

"●" 为国际合作项目

首都机场二号航站楼改扩建

三 等 奖 • 公共建筑
建设地点 • 北京市顺义区
用地面积 • 1.13hm²
建筑面积 • 4.13万m²
建筑高度 • 18.40m
设计时间 • 2013.12 ~ 2014.12
建成时间 • 2014.12

**北京市教育系统综合服务中心
改扩建**

三 等 奖 • 公共建筑
建设地点 • 北京市西城区
用地面积 • 0.75hm²
建筑面积 • 2.49万m²
建筑高度 • 29.70m
设计时间 • 2011.04 ~ 2011.10
建成时间 • 2014.06

石化工程科研成果中试及转化中心一期●

三 等 奖 • 公共建筑
建设地点 • 北京市昌平区
用地面积 • 11.49hm²
建筑面积 • 8.13万m²
建筑高度 • 22.20m
设计时间 • 2011.09 ~ 2012.08
建成时间 • 2014.09

北京交通大学科技创业大厦

三 等 奖 • 公共建筑
建设地点 • 北京市海淀区
用地面积 • 0.68hm²
建筑面积 • 6.18万m²
建筑高度 • 65.00m
设计时间 • 2009.07 ~ 2011.09
建成时间 • 2014.04

博彦科技软件园研发中心

三 等 奖 • 公共建筑
建设地点 • 北京市海淀区
用地面积 • 1.27hm²
建筑面积 • 4.03万m²
建筑高度 • 24.00m
设计时间 • 2011.12 ~ 2013.05
建成时间 • 2014.07

海南文化公园综合服务中心

三 等 奖 • 公共建筑
建设地点 • 海南省海口市
用地面积 • 1.25hm²
建筑面积 • 2.30万m²
建筑高度 • 19.80m
设计时间 • 2011.01 ~ 2012.05
建成时间 • 2013.12

中国民航管理干部学院二期

三 等 奖 • 公共建筑
建设地点 • 北京市朝阳区
用地面积 • 1.36 hm²
建筑面积 • 4.00 万 m²
建筑高度 • 60.00 m
设计时间 • 2008.11 ~ 2010.06
建成时间 • 2014.06

沈阳世茂五里河 T3-T5 号楼售楼处

三 等 奖 • 公共建筑
建设地点 • 辽宁省沈阳市
用地面积 • 0.69 hm²
建筑面积 • 0.39 万 m²
建筑高度 • 20.30 m
设计时间 • 2011.04 ~ 2011.05
建成时间 • 2012.11

援阿富汗孔子学院

三 等 奖 • 公共建筑
建设地点 • 阿富汗喀布尔市
用地面积 • 2.90 hm²
建筑面积 • 1.40 万 m²
建筑高度 • 13.50 m
设计时间 • 2010.06 ~ 2012.04
建成时间 • 2014.10

定州东站

三 等 奖 • 公共建筑
建设地点 • 河北省定州市
用地面积 • 0.83 hm²
建筑面积 • 0.60 万 m²
建筑高度 • 19.96 m
设计时间 • 2009.12 ~ 2010.06
建成时间 • 2012.12

和成畅园住宅

三 等 奖 • 居住建筑
建设地点 • 北京市大兴区
用地面积 • 6.57 hm²
建筑面积 • 15.97 万 m²
建筑高度 • 43.50 m
设计时间 • 2011.10 ~ 2012.10
建成时间 • 2014.06

西藏中学男生宿舍楼抗震加固改造

专 项 奖 • 抗震设计
建设地点 • 北京市朝阳区
用地面积 • 0.04 hm²
建筑面积 • 0.26 万 m²
建筑高度 • 16.00 m
设计时间 • 2011.03 ~ 2011.07
建成时间 • 2011.12

图书在版编目（CIP）数据

BIAD优秀工程设计 2015/北京市建筑设计研究院有限公司主编.—北京：中国建筑工业出版社，2016.11
ISBN 978-7-112-20039-9

Ⅰ.①B… Ⅱ.①北… Ⅲ.①建筑设计－作品集－中国－现代 Ⅳ.①TU206

中国版本图书馆CIP数据核字（2016）第255759号

责任编辑：徐晓飞 张 明
责任校对：李欣慰 刘梦然

BIAD优秀工程设计 2015
北京市建筑设计研究院有限公司 主编
*
中国建筑工业出版社出版、发行（北京西郊百万庄）
各地新华书店、建筑书店经销
北京雅昌艺术印刷有限公司制版
北京雅昌艺术印刷有限公司印刷
*
开本：965×1270毫米 1/16 印张：13¼ 字数：410千字
2016年11月第一版 2016年11月第一次印刷
定价：150.00元
ISBN 978-7-112-20039-9
（29509）
版权所有 翻印必究
如有印装质量问题，可寄本社退换
（邮政编码100037）